설비보전 시/리/즈

설비보전
산업기사 실기

박동순 저

실제 시험에 출제되는
**식별과 실사,
도면 수록**

최종 합격 대비
**실기시험 중심의
내용 구성**

전면 개정
새 출제 경향에 따른
**기출복원
문제수록**

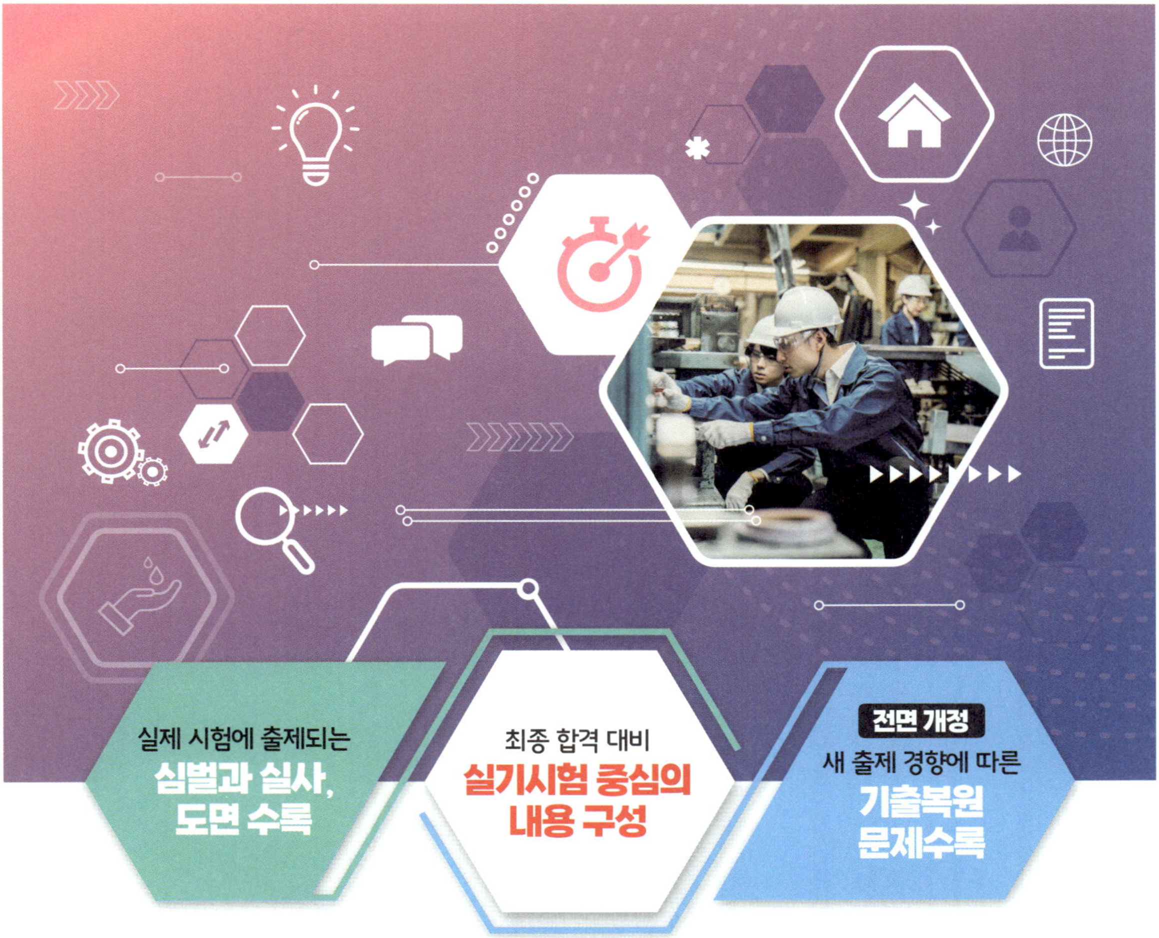

질의응답 사이트 운영
http://www.kkwbooks.com
도서출판 건기원

PREFACE
: 머리말

최근 산업현장에서는 인건비 절감과 제품 품질의 균일화 및 고급화를 꾀하기 위해 설비보전 기술 향상을 위한 연구와 투자를 아끼지 않고 있으며, 기술인력 확보에 꾸준한 노력을 기울이고 있습니다.

설비보전 기술은 자동화와 메카트로닉스 분야에 종사하는 기술자만의 분야가 아니라 전 산업분야에서 폭넓게 응용되며 기술자들이 필수적으로 습득해야 할 기술로 바뀌어 가고 있습니다.

이에 본 교재는 '설비보전산업기사' 등 실기를 필수로 하는 자격시험에 응시하기 위한 수험생들의 이해와 합격을 돕고자 준비하였으며, 기출문제를 쉬운 방법으로 풀이하였습니다.

본 교재는 **회로도**와 **실사** 위주로 **구성**하여
다음 사항의 내용으로 구성하였습니다.

❶ 중요 심벌과 실사, 도면만을 다루어 군더더기를 없앴습니다.
❷ 초보자도 쉽게 이해할 수 있도록 간략하게 구성하였습니다.
❸ 수험생들의 합격에 목표를 두고 구성하였습니다.
❹ 설비보전산업기사 기출문제를 모두 수록하여 참조할 수 있게 하였습니다.

본 교재는 저자가 기존 도면을 재작성하여 집필하였으므로 내용 중 미비한 사항이나 일부 잘못된 점이 있으면 독자 여러분의 조언에 의해 정오하겠습니다.

끝으로 본 교재로 공부하는 수험생 여러분들이 자격증 취득을 통하여 개인의 발전과 사회적으로 공인받는 기능인으로 성장하는 시금석이 되길 바라며, 설비보전 분야와 전 산업 분야 발전의 초석을 이루는 선구자 역할을 다해 주시길 바랍니다.

아울러 이 책을 출간하는 데 도움을 주신 여러분들께 깊은 감사를 드리며 도서출판 건기원 전 직원 여러분께 감사드립니다.

CONTENTS : 차례

설비보전산업기사 기본 정보

1. 기본 정보 … 6
2. 시험 정보 … 7
3. 수험자 동향 … 8
4. 출제기준(실기) … 9

CHAPTER 01
공유압 회로 구성

I. 공압기기

1. 공기압 발생 장치 … 15
2. 공압 밸브 … 22
3. 전기 공압 밸브 … 24
4. 공압 실린더 … 25
5. 기타 … 30

II. 유압기기

1. 유압 동력원 … 33
2. 유압 밸브 … 36
3. 전기 유압 밸브 … 42
4. 유압 액추에이터 … 47
5. 기타 … 50
6. 유압 회로 … 53

III. 제어 기기 기호

1. 스위치와 릴레이 … 60
2. 솔레노이드 … 61
3. 밸브의 표시 … 62
4. 공압 심벌 … 64
5. 유압 심벌 … 66

IV. 전기회로 구성

1. 접점 … 68
2. 논리 회로 … 69
3. 릴레이 제어 … 70
4. 시간지연 회로 … 72
5. 기타 회로 … 73

V. 공압 회로 구성

1. 회로의 배치 … 77
2. 회로 설계 … 80
3. 단동 솔레노이드 밸브를 이용한 실린더 직접 제어 … 118
4. 단동 솔레노이드 밸브를 이용한 실린더 간접 제어 … 119
5. 복동 솔레노이드 밸브를 이용한 실린더 직접 제어 … 120
6. 복동 솔레노이드 밸브를 이용한 실린더 간접 제어 … 121
7. 복동 솔레노이드 밸브를 이용한 실린더 직접 자동복귀 회로 … 122

8. 복동 솔레노이드 밸브를 이용한
   실린더 직접 자동왕복 회로 · 123
9. 단동 솔레노이드 밸브를 이용한
   실린더 간접 자동복귀 회로 · 124
10. 단동 솔레노이드 밸브를 이용한
    실린더 자동연속 사이클 회로 · 125
11. 단동 솔레노이드 밸브를 이용한
    실린더 간접 자동왕복 회로 · 126
12. 복동 솔레노이드 밸브를 이용한
    실린더 간접 자동복귀 회로 · 127
13. 복동 솔레노이드 밸브를 이용한
    실린더 간접 자동왕복 회로 · 128
14. 단동 솔레노이드 밸브를 이용한
    자동단속·연속 사이클 회로 · 129
15. 복동 솔레노이드 밸브를 이용한
    자동단속·연속 사이클 회로 · 130

VI 공압 회로 구성 및 조립

1. 요구사항 · 131
2. 수험자 유의사항 · 132
3. 도면 ① · 133
4. 도면 ② · 137
5. 도면 ③ · 141
6. 도면 ④ · 145
7. 도면 ⑤ · 149
8. 도면 ⑥ · 153
9. 도면 ⑦ · 157
10. 도면 ⑧ · 161

VII 유압 회로 구성 및 조립

1. 요구사항 · 165
2. 수험자 유의사항 · 166
3. 도면 ① · 168
4. 도면 ② · 171
5. 도면 ③ · 174
6. 도면 ④ · 178
7. 도면 ⑤ · 181
8. 도면 ⑥ · 185
9. 도면 ⑦ · 189
10. 도면 ⑧ · 193

CHAPTER 02

가스절단 및 용접

I 용접

1. 요구사항 · 199
2. 수험자 유의사항 · 200
3. 도면 ① · 202
4. 도면 ② · 205
5. 도면 ③ · 207
6. 도면 ④ · 209
7. 도면 ⑤ · 211
8. 도면 ⑥ · 213
9. 도면 ⑦ · 215
10. 도면 ⑧ · 217

설비보전산업기사 기본 정보

01 기본 정보

가. 개요

산업현장에서 사용되는 설비(장치)의 유지, 관리, 수리, 개선을 담당하는 전문 기술인력을 의미한다. 설비 개선, 효율성 분석 등 관리 업무를 포함하여 설비의 유지보수를 담당하는 역할을 수행한다.

나. 변천 과정

2025년 설비보전산업기사로 개정

다. 수행 직무

생산시스템이나 설비(장치)의 설비보전에 관한 이론 및 실무 지식을 가지고, 설비의 장치 및 기계를 효율적으로 관리하기 위해 예측, 예방 및 사후 정비 등을 통하여 정비작업 등을 수행하는 직무이다.

라. 진로 및 전망

각종 설비 및 기계 제작업체 또는 수리업체, 대규모 생산설비를 이용하여 공업제품을 양산하는 업체, 금속소재 업체 등으로 진출가능하다.

기계공업의 발달로 공장자동화설비가 확산됨에 따라 고정밀도, 고성능, 다기능을 갖춘 산업기계설비가 제조업분야로 확대되고 있고, 향후 무인화공장도 출현할 전망이 다. 이러한 기계화 추세에 따라 기계정비분야에서도 전문 기능 인력이 필요할 것으로 보이는데, 특히 사업시설에 비해 인력이 부족한 편이어서 자격취득 시 전망은 밝아 보인다.

마. 종목별 검정 현황

종목명	연도	필기			실기		
		응시	합격	합격률(%)	응시	합격	합격률(%)
설비보전산업기사 (舊 기계정비산업기사)	2024	7,176	2,832	39.5 %	3,170	2,329	73.5 %
	2023	6,374	2,528	39.7 %	2,783	1,993	71.6 %
	2022	5,493	2,240	40.8 %	2,406	1,671	69.5 %
	2021	5,977	2,478	41.5 %	2,778	2,027	73.0 %
	2020	6,220	2,547	40.9 %	2,777	2,025	72.9 %

02 시험 정보

가. 시험 수수료

  필기: 19,400원

  실기: 60,300원

나. 출제 경향

  ① 필기시험의 내용은 http://www.q-net.or.kr 고객만족 〉 자료실의 출제기준을 참고
  ② 실기시험은 작업형 시험(공압, 유압, 가스절단 및 용접)으로 평가합니다.(작업형 실기시험 공개문제 참조)

다. 출제 기준

  http://www.q-net.or.kr 참조

라. 공개 문제

  http://www.q-net.or.kr 참조

마. 취득 방법

  ① 시행처: 한국산업인력공단
  ② 관련학과: 대학 및 전문대학의 기계 관련학과
  ③ 시험과목   – 필기: 1. 공유압 및 자동제어
           2. 설비진단 및 관리
           3. 기계보전, 용접 및 안전
       – 실기: 설비보전 응용 실무
  ④ 검정 방법 – 필기: 객관식 4지 택일형, 과목당 20문항(과목당 30분)
        – 실기: 작업형(공압 30점, 유압 30점, 가스절단 및 용접 40점) 2시간 40분
  ⑤ 합격 기준 – 필기: 100점을 만점으로 하여 과목당 40점 이상, 전 과목 평균 60점 이상
        – 실기: 100점을 만점으로 하여 60점 이상
            (단, 작업형 과제별 실격 사항에 해당할 경우 전체 실격)

03 수험자 동향

가. 필기

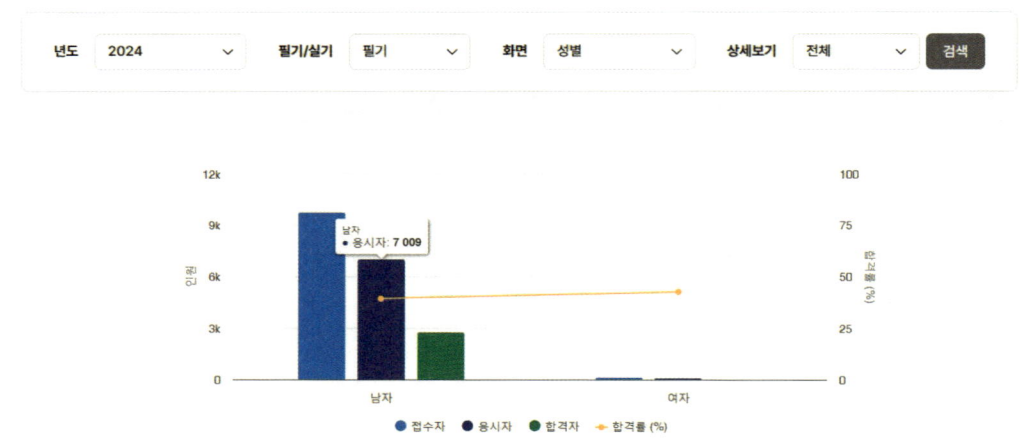

분류	접수자	응시자	응시율(%)	합격자	합격률(%)
남자	9,762	7,009	71.8	2,760	39.4
여자	159	120	75.5	51	42.5

나. 실기

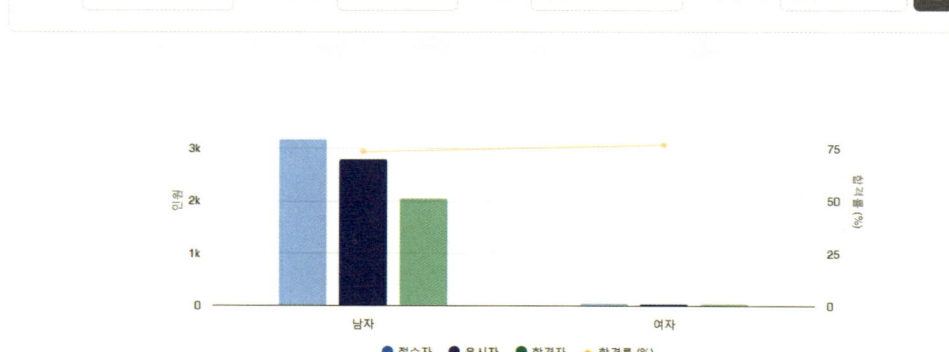

분류	접수자	응시자	응시율(%)	합격자	합격률(%)
남자	3,187	2,799	87.8	2,047	73.1
여자	55	51	92.7	39	76.5

※ 필기, 실기 수험자 동향 데이터는 원서접수 시 수집된 데이터로, 종목별 검정 현황 데이터와 다를 수 있음

04 출제기준(실기)

직무분야	기계	중직무분야	기계장비설비·설치	자격종목	설비보전산업기사	적용기간	2025.1.1. ~ 2028.12.31.

○ 직무내용: 생산시스템이나 설비(장치)의 설비보전에 관한 복합적인 지식을 가지고, 설비의 장치 및 기계를 효율적으로 관리하기 위해 예측, 예방, 및 사후 정비 등을 통하여 정비작업 등을 수행하는 직무이다.

○ 수행준거: 1. 공기압장치를 설치 및 조립하여 작동시킬 수 있다.
  2. 유압장치를 설치 및 조립하여 작동시킬 수 있다.
  3. 기계장치 제어를 위한 전기전자장치의 요소별 특성을 이해하고 조립에 필요한 요소를 선정할 수 있다.
  4. 강판을 절단하기 위해 절단기를 조작할 수 있다.
  5. 용접절차사양서에 따라 용접조건을 설정하고 작업에 필요한 용접부 온도관리를 하며 필릿 용접을 할 수 있다.
  6. 본용접 작업 후 용접부의 결함과 보수기준을 확인하여, 용접결함에 대한 보수작업을 수행할 수 있다.
  7. 제품의 형상, 특성에 따른 기준면을 선정하고 탭, 드릴, 보링 작업을 수행할 수 있다.
  8. 기계장치의 정확한 동작과 규격 조건을 만족시키기 위하여 작업공정 순서에 따라 정확히 조립할 수 있다.
  9. 작업을 안전하게 수행하기 위하여 안전기준을 확인하고 안전수칙을 준수하며 안전예방 활동을 할 수 있다.

실기검정방법	작업형	시험시간	3시간 정도

과목명	주요항목	세부항목	세세항목
설비보전응용 실무	1. 공기압장치조립	1. 공기압 회로도면 파악하기	1. 공기압 회로도를 파악하기 위하여 도면을 해독할 수 있다. 2. 공기압 회로도에 따라 부품의 규격을 파악할 수 있다. 3. 공기압 회로도에 따라 고장 원인과 비정상 작동원인 을 파악할 수 있다.
		2. 공기압 장치 조립하기	1. 공기압 장치 부품의 지정된 위치를 파악하고 정확히 조립할 수 있다. 2. 공기압 장치를 조립하기 위하여 규격에 적합한 조립 공구와 장비를 사용할 수 있다. 3. 공기압 장치 조립 작업의 안전을 위하여 공기압 장치 조립 시 안전사항을 준수할 수 있다.
		3. 공기압 장치기능 확인하기	1. 공기압 장치의 기능을 확인하기 위하여 조립된 공기 압 장치를 검사하고 조립도 와 비교할 수 있다. 2. 조립된 공기압 장치를 구동하기 위하여 동작 상태를 확인하고 이상발생 시 수정 하여 조립할 수 있다. 3. 공기압 장치의 기능을 확인하기 위하여 측정한 데이터를 기록하고 관리할 수 있다.
	2. 유압장치조립	1. 유압 회로도면 파악하기	1. 유압 회로도를 파악하기 위하여 도면을 해독할 수 있다. 2. 유압 회로도에 따라 부품의 규격을 파악할 수 있다. 3. 유압 회로도에 따라 고장원인과 비정상 작동원인을 등을 파악할 수 있다.

과목명	주요항목	세부항목	세세항목
		2. 유압 장치 조립하기	1. 유압 장치 부품의 지정된 위치를 파악하고 정확히 조립할 수 있다. 2. 유압 장치를 조립하기 위하여 규격에 적합한 조립 공구와 장비를 사용할 수 있다. 3. 유압 장치 조립 작업의 안전을 위하여 유압 장치 조립 시 안전사항을 준수할 수 있다.
		3. 유압 장치기능 확인하기	1. 유압 장치의 기능을 확인하기 위하여 조립된 유압 장치를 검사하고 조립도와 비교할 수 있다. 2. 조립된 유압 장치를 구동하기 위하여 동작 상태를 확인하고 이상 발생 시 수정하여 조립할 수 있다. 3. 유압 장치의 기능을 확인하기 위하여 측정한 데이터를 기록하고 관리할 수 있다.
	3. 전기전자장치 조립	1. 전기전자장치 조립하기	1. 전기전자 장치 부품의 지정된 위치를 파악할 수 있다. 2. 전기전자 장치를 조립하기 위하여 규격에 적합한 조립 공구와 장비를 사용할 수 있다. 3. 전기전자장치 도면에 따라 지정된 위치에 부품을 조립할 수 있다.
		2. 전기전자장치 기능검사하기	1. 전기전자 장치의 기능을 확인하기 위하여 조립된 전기전자 장치를 측정하고 조립도와 비교할 수 있다. 2. 조립된 전기전자 장치를 구동하기 위하여 간섭과 동작 상태를 확인하고, 이상 발생 시 수정하여 조립할 수 있다. 3. 전기전자 장치의 기능을 확인하기 위하여 측정한 데이터를 기록하고 관리할 수 있다.
		3. 전기전자장치 안전성 검사 하기	1. 전기전자장치의 안전성 검사항목을 선정할 수 있다. 2. 작성된 안전성 기준서를 토대로 전기전자장치의 안전성 검사를 실시할 수 있다. 3. 전기전자 장치의 안전을 확인하기 위하여 측정한 데이터를 기록하고 관리할 수 있다.
	4. 수동·반자동 가스절단	1. 수동·반자동 절단기 조작 준비하기	1. 매뉴얼에 따라 절단기 이상 유무를 확인할 수 있다. 2. 제작사 작업안전절차에 따라 가스 및 전기 등 유틸리티 상태를 점검하고, 이상 유무를 확인할 수 있다. 3. 도면 확인 후, 절단 형상을 확인하고, 용접가능성 및 방법에 있어 작업자가 어려움이 없는지 확인할 수 있다.
		2. 수동·반자동 절단기 조작 하기	1. 사용 매뉴얼을 숙지하여 절단기를 조작할 수 있다. 2. 작업 안전절차에 따라 절단작업을 수행할 수 있다. 3. 절단기 이상 발견 시, 제작사 절차에 따라 작업 수리를 의뢰할 수 있다. 4. 강판 두께에 따라 불꽃 세기를 조정하고, 육안으로 확인할 수 있다. 5. 강판 두께에 따라 예열시간, 절단속도를 확인·조정할수 있다.
		3. 수동·반자동 가스절단 측정· 검사하기	1. 절단기 부속품을 검사·측정하여 불량 시, 제작사 절차에 따라 교체·수리할 수 있다. 2. 결과물 절단부위에 대한 작업표준 준수 여부를 검사할 수 있다. 3. 제작사 절차에 따른 절단부위 검사항목을 측정하여 기록할 수 있다.

과목명	주요항목	세부항목	세세항목
		4. 수동·반자동 절단기 유지·관리하기	1. 제작사 관리 기준에 의하여 일일점검, 정기점검 등을 수행할 수 있다. 2. 소모품 및 사용기한이 만료된 부속품을 교체할 수 있다. 3. 조작 및 동작상태 점검으로 이상 유무를 판단하여 적절한 조치를 취할 수 있다. 4. 사용매뉴얼을 숙지하여 분해, 조립 및 고장에 대하여 처리할 수 있다.
	5. 피복아크용접 필릿용접	1. T형 필릿 용접하기	1. 용접절차사양서에 따라 용접기의 종류를 선정하고 용접조건을 설정할 수 있다. 2. 용접절차사양서에 따라 T형 필릿 용접작업을 수행할 수 있다. 3. 용접절차사양서에 따라 용접 전후 처리를 할 수 있다.
	6. 피복아크용접 결함부 보수 용접 작업	1. 용접부 결함 확인하기	1. 치수상 결함 여부를 확인할 수 있다. 2. 용접형상, 오버랩, 언더컷, 용접균열 등의 여부를 확인할 수 있다. 3. 용접부의 기계적 성질을 확인할 수 있다.
		2. 보수기준 확인하기	1. 규격(KS, ASME, AWS 등)에 의한 결함 판정기준을 파악할 수 있다. 2. 기공, 슬래그혼입, 언더컷 등에 대한 보수용접 기준을 파악할 수 있다. 3. 확인한 용접결함에 대해 보수기준을 적용하여 보수 작업 진행 여부를 결정할 수 있다.
		3. 용접결함 보수하기	1. 확인된 용접결함부의 제거를 실시한 후 보수 용접작업을 수행할 수 있다. 2. 보수 용접작업을 수행한 용접부에 후처리를 실시할 수 있다. 3. 후처리까지 마친 용접부에 비파괴 검사를 실시하여 결함 보수 완료 여부를 확인할 수 있다.
	7. 탭·드릴·보링 가공	1. 작업 준비하기	1. 제품의 형상에 적합한 공구를 선택할 수 있다. 2. 공작물의 설치방법에 따라 공작물을 설치할 수 있다. 3. 작업순서를 고려하여 절삭공구를 설치할 수 있다. 4. 도면에 의해서 제품의 형상, 특성에 따른 기준면을 설정할 수 있다.
		2. 본가공 수행하기	1. 작업요구사항에 따라 장비를 설정하고, 가공작업을 수행할 수 있다. 2. 수동작업 시 절삭조건을 충족할 수 있도록 이송속도, 이송범위, 절삭 깊이를 조절할 수 있다. 3. 이상발생시 조치를 취하고, 보고할 수 있다. 4. 절삭조건이 부적합한 경우 수정할 수 있다. 5. 절삭칩으로 인한 안전사고, 공구의 파손, 제품의 불량을 방지할 수 있다. 6. 보링작업 시 열, 진동에 의한 치수 변화를 최소화할 수 있다. 7. 도면에 따른 가공을 하기 위해 각 좌표축의 기준점을 설정할 수 있다.
		3. 검사·수정하기	1. 측정 대상별 측정방법과 측정기의 종류를 파악하여 측정오차가 생기지 않도록 측정할 수 있다. 2. 공구수명 단축원인과 가공치수 불량의 원인을 파악 하고 적절한 대처방안을 강구할 수 있다. 3. 측정 후 불량부위 발생 시 수정여부를 결정할 수 있다.

과목명	주요항목	세부항목	세세항목
	8. 기계부품조립	1. 기계부품조립 준비하기	1. 기계조립 계획을 수립할 수 있다. 2. 수립된 기계 조립 계획에 따라 기계장치 조립에 필요한 공구와 기계장치, 소요부품의 수량을 확인하고 준비할 수 있다. 3. 조립공간을 확보하고 주변 정리정돈 할 수 있다.
		2. 기계부품조립 하기	1. 기계조립계획에 따라 기계장치 조립을 할 수 있다. 2. 기계조립 시 올바른 조립을 위하여 규격에 맞는 공구와 부품을 사용할 수 있다. 3. 기계조립 작업의 안전을 위하여 작업 안전 규정에 따라 기계조립을 할 수 있다.
		3. 기계부품조립 기능 확인하기	1. 정확히 조립이 되었는지 확인하기 위하여 기계조립 도면과 비교할 수 있다. 2. 조립된 기계장치의 이상 발생 시 수정을 위하여 기계 장치의 동작 상태를 확인하고 수정하여 보완할 수 있다. 3. 기계조립 장치의 정확한 구동을 위하여 측정하고 검사한 데이터를 기록하고 관리할 수 있다.
	9. 조립안전관리	1. 안전기준 확인 하기	1. 작업장에서 안전사고를 예방하기 위해 안전기준을 확인할 수 있다. 2. 정기 또는 수시로 안전기준을 확인하여 보완할 수 있다.
		2. 안전수칙 준수 하기	1. 안전기준에 따라 안전보호장구를 착용할 수 있다. 2. 안전기준에 따라 작업을 수행할 수 있다. 3. 안전기준에 따라 준수사항을 적용할 수 있다. 4. 안전사고를 방지하기 위한 예방활동을 할 수 있다.

CHAPTER 01

공유압 회로 구성

Ⅰ. 공압기기
Ⅱ. 유압기기
Ⅲ. 제어 기기 기호
Ⅳ. 전기회로 구성
Ⅴ. 공압 회로 구성
Ⅵ. 공압 회로 구성 및 조립
Ⅶ. 유압 회로 구성 및 조립

CHAPTER 01 공유압 회로 구성

I 공압기기

1 공기압 발생 장치

가. 공기압축기

압축 공기를 생산하여 에너지로 사용하려면 공기를 작업 압력으로 만들어 주는 장치가 필요하다. 공기압축기는 공기를 흡입하여 압축하는 과정에서 공기압 에너지를 만드는 장치이다.

1) 공기압축기의 기능

가) 압축 공기를 생산하여 작업 압력까지 공기를 압축시키는 장치
나) 압축된 공기는 공기 저장 탱크에 보관하여 공압 장치에 공기 공급
다) 시스템에 필요한 작업 압력과 공급 부피를 고려하여 결정

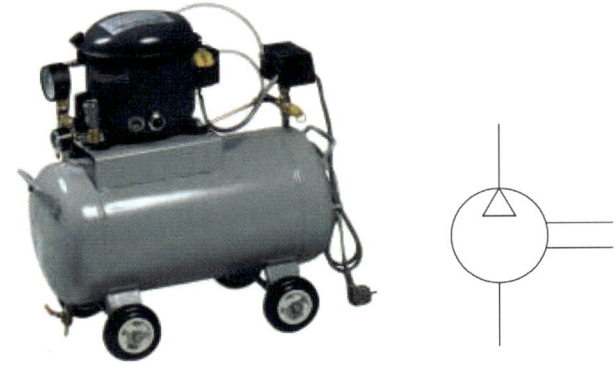

▲ 공기압축기

2) 공기압축기의 분류

　가) 작동 원리에 따른 분류

　　(1) 왕복형: 피스톤형, 다이어프램형
　　(2) 회전형: 나사형, 베인형
　　(3) 터보형: 원심형, 축류형

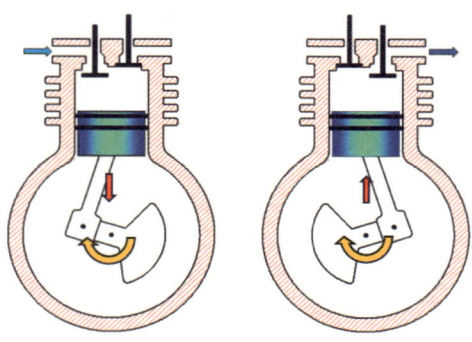

🔺 피스톤형 압축기

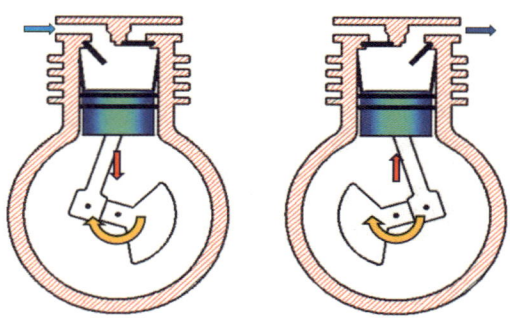

🔺 다이어프램형 압축기

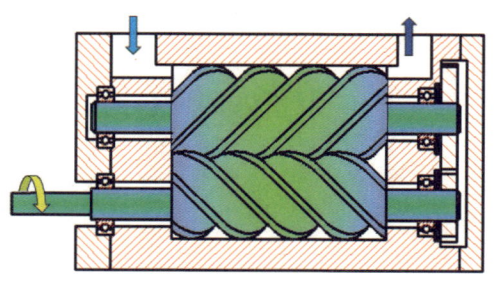

🔺 나사형 압축기

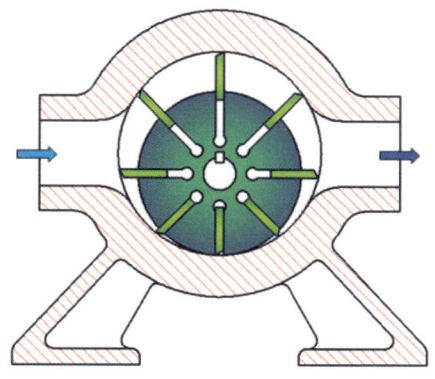

▲ 베인형 압축기

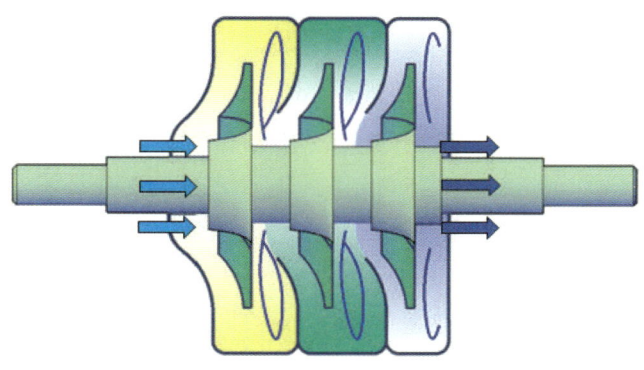

▲ 원심형 압축기

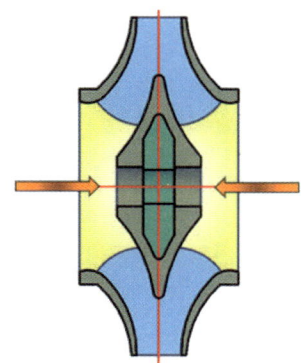

▲ 축류형 압축기

나) 출력에 따른 분류

　　(1) 소형 압축기: 출력은 0.2kW~7.5kW, 공랭식
　　(2) 중형 압축기: 출력은 7.5kW~75kW, 공랭식, 수랭식
　　(3) 대형 압축기: 출력은 75kW 이상, 수랭식

다) 토출압력에 따른 분류

　　(1) 저압 압축기: 토출 공기 압력이 $1~8kgf/cm^2$
　　(2) 중압 압축기: 토출 공기 압력이 $10~16kgf/cm^2$
　　(3) 고압 압축기: 토출 공기 압력이 $16kgf/cm^2$ 이상

3) 공기압축기의 특성

특성 \ 분류	왕복형	회전형	터보형
구조	비교적 간단	간단하고 섭동부가 큼	대형, 복잡
소음	큼	적음	적음
진동	많음	적음	적음
보수성	좋다	섭동 부품의 정기 교환이 필요	오버홀(Overhaul)이 필요
토출 공기	중·고압	중압	많은 공기량
가격	저가	비교적 고가	고가

나. 압축 공기 조절 유닛(air service unit)

압축 공기 조절 유닛의 구성은 다음과 같다.

1) 압축 공기필터
2) 압축 공기조절기(감압 밸브)
3) 압축 공기윤활기(루브리게이터)

설.비.보.전.산.업.기.사.**실.기**

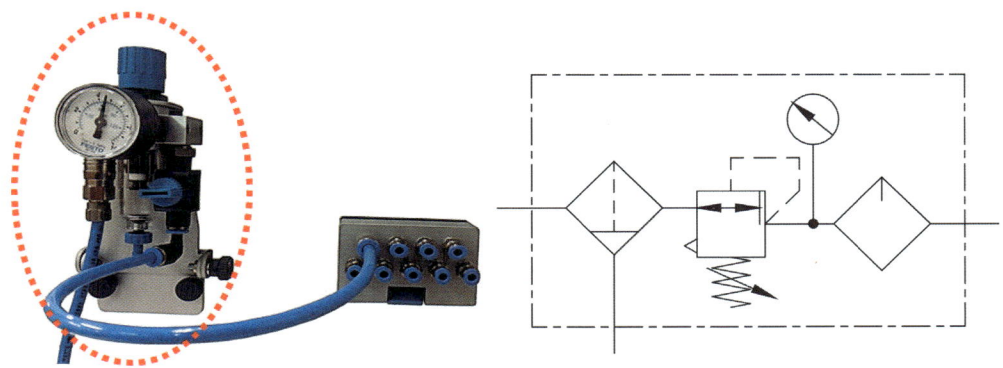

▲ 압축 공기 조절 유닛

가) 압축 공기 조절 유닛의 구조

(1) 압축 공기 조절 유닛

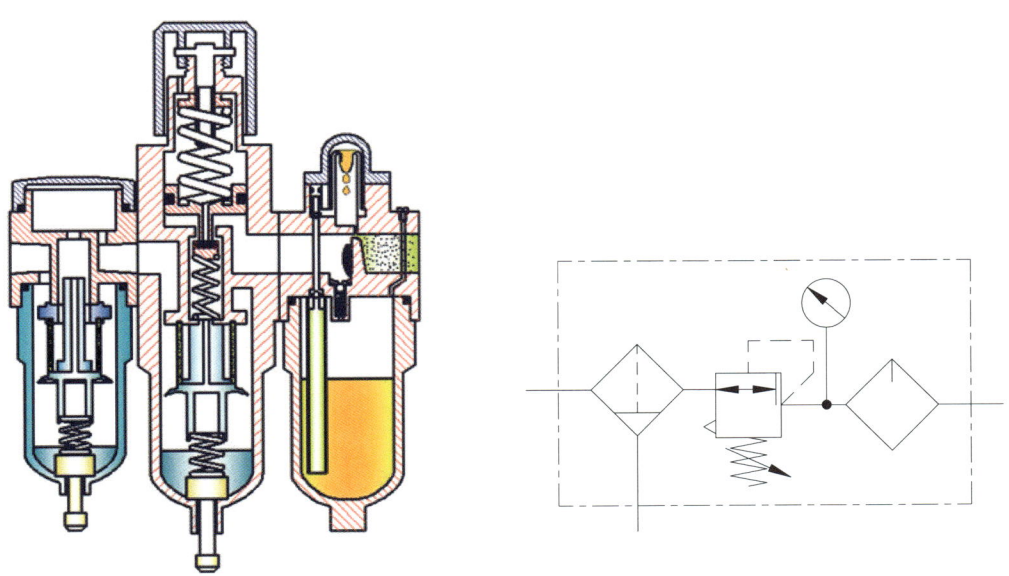

▲ 압축 공기 조절 유닛

Ⅰ. 공압기기 19

(2) **압축 공기필터**

　㈎ 이물질 제거 및 응축수 제거

　㈏ 원심 분리법에 의한 이물질 제거

　㈐ 격자는 40μm

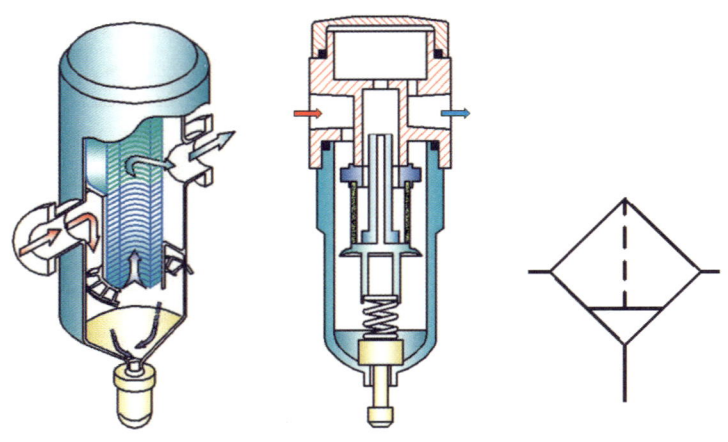

🔺 **압축 공기필터**

(3) **감압밸브**

　㈎ 압축 공기의 압력을 항상 일정한 압력 이하로 공급

　㈏ 조절나사의 조절로 요구 압력 설정

　㈐ 압력계를 통한 설정 압력 확인

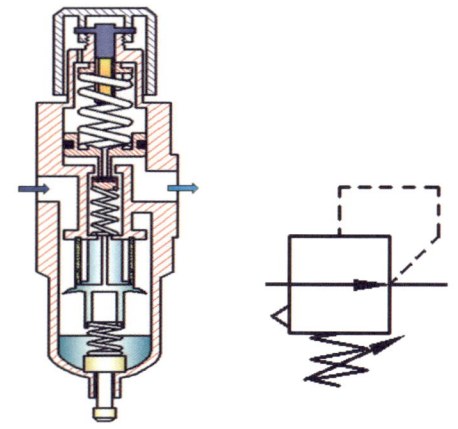

🔺 **감압밸브**

(4) 윤활기

㈎ 압축 공기와 윤활유를 혼합하여 회로에 공급

㈏ 밸브의 스풀, 액추에이터 구동부 윤활

㈐ 마찰, 마모 방지, 저항감소, 내구성 향상

다. 압력 조절 밸브

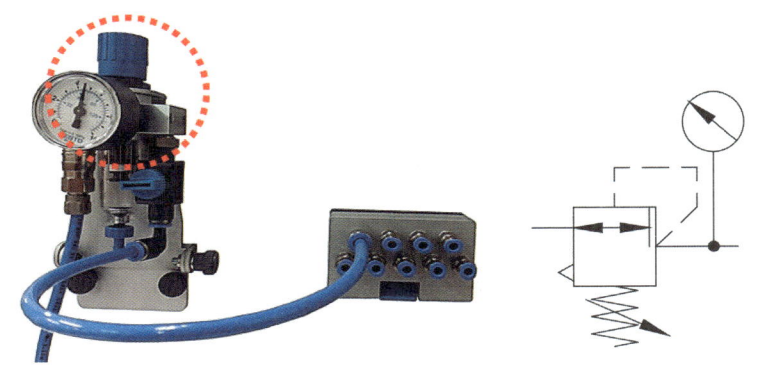

라. 공기 분배기

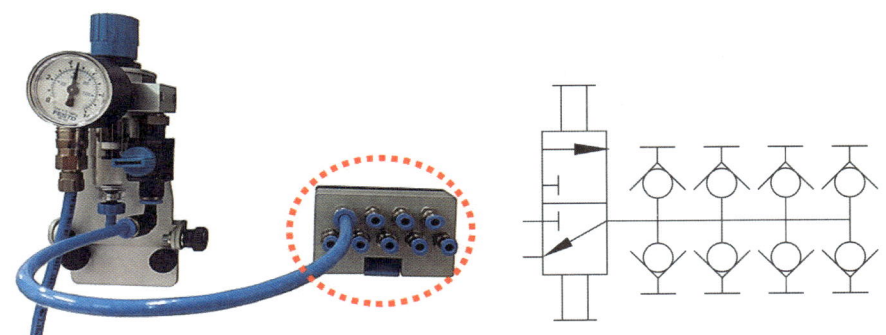

② 공압 밸브

가. 압력 조절 밸브

고압의 압축 공기를 낮은 일정의 적정한 압력으로 감압하여 안정된 압축 공기를 공기압 기기에 공급하는 기능을 한다.

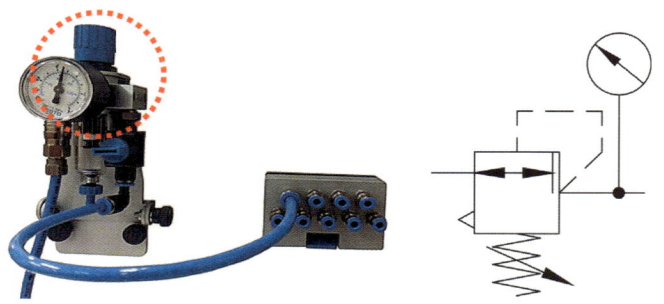

나. 교축 밸브

공기압 회로의 유량을 일정하게 유지할 때 사용한다.
1) 교축부를 조절나사로 조절하여 흡기, 배기를 교축
2) 양방향 유량 조절

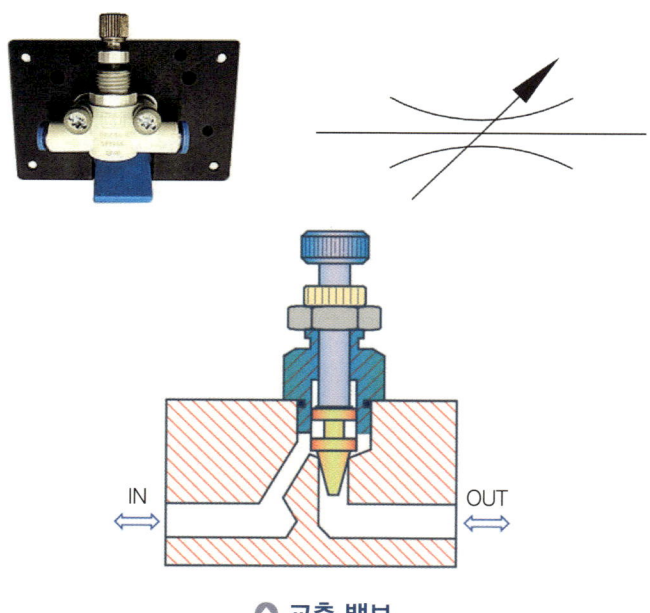

▲ 교축 밸브

다. 속도제어 밸브

유량을 조절하는 동시에 흐름의 방향에 따라서 교축 작용을 한다.
1) 유로의 단면적을 교축하여 조절 나사로 간격 조절
2) 한쪽 방향으로만 유량 조절
3) IN 방향에서 OUT 방향으로 유량 조절
4) OUT 방향에서 IN 방향 유량조절 불가

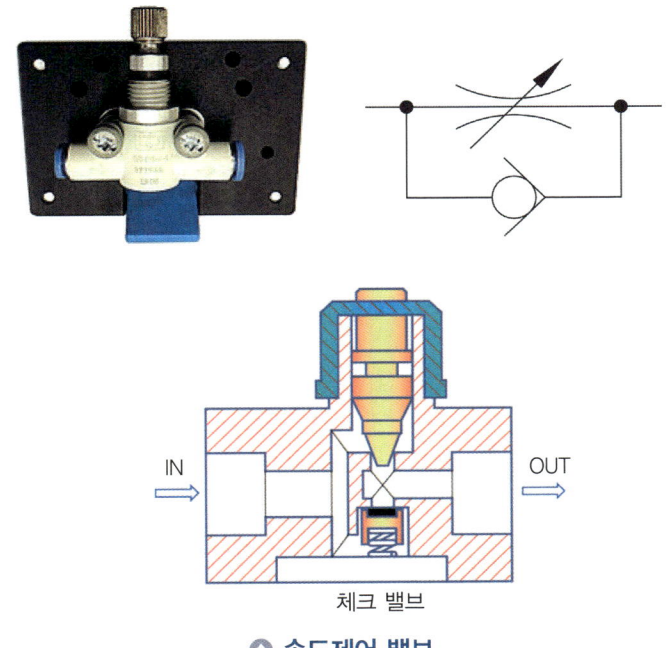

▲ 속도제어 밸브

라. 급속배기 밸브

액추에이터 내의 공기를 급속히 방출하여 속도를 증가시킬 목적으로 사용한다.
1) 배기저항 감소
2) 액추에이터 속도 증가
3) P 포트에서 A 포트로 공기 공급
4) A 포트에서 EXIT로 공기 배출

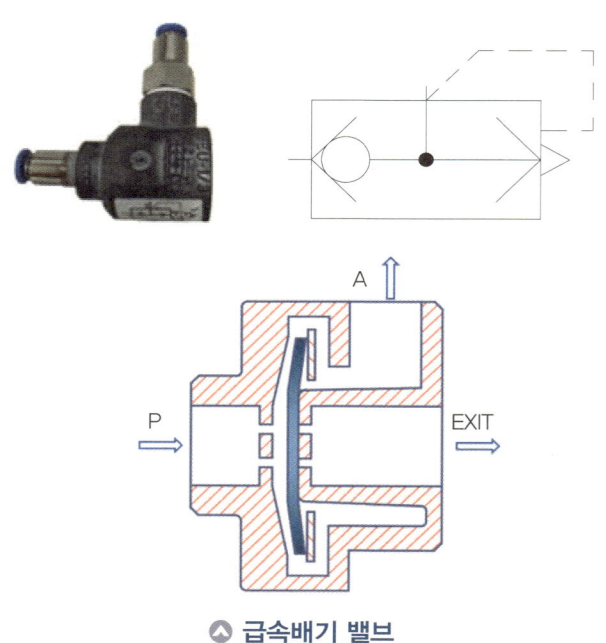

◆ 급속배기 밸브

③ 전기 공압 밸브

가. 5/2-Way 단동 솔레노이드 밸브

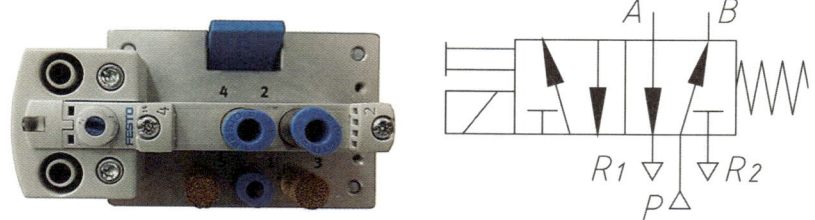

나. 5/2-Way 복동 솔레노이드 밸브

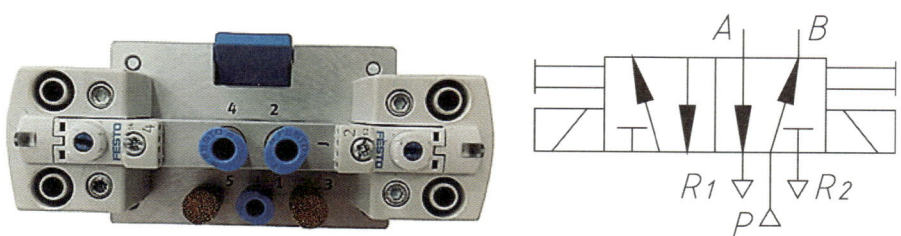

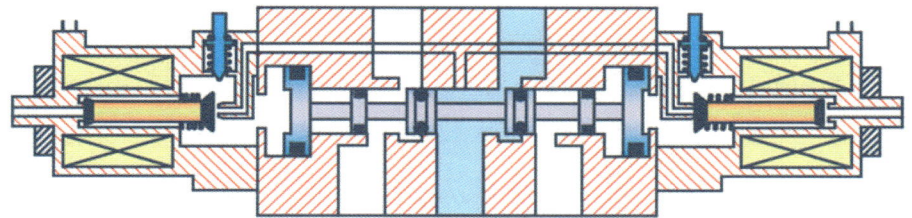

4. 공압 실린더

가. 에어쿠션 내장형 공압 복동 실린더

나. 공압 복동 실린더 구조

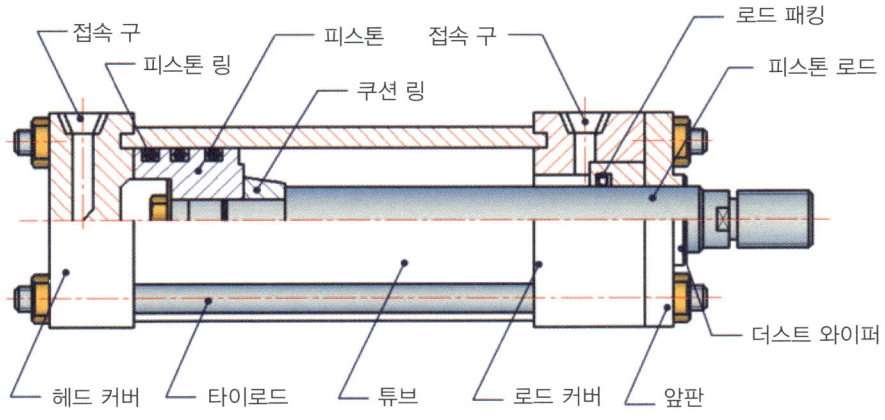

▲ 복동 실린더 구조

다. 공압 실린더 분류

1) 단동 실린더

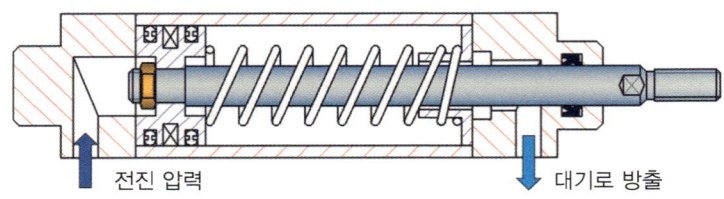

전진 압력　　　대기로 방출

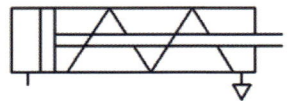

🔺 **단동 실린더**

2) 복동 실린더

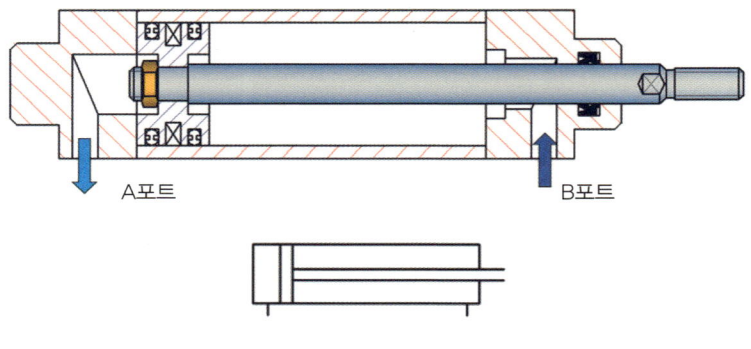

🔺 **복동 실린더**

3) 양 로드 실린더

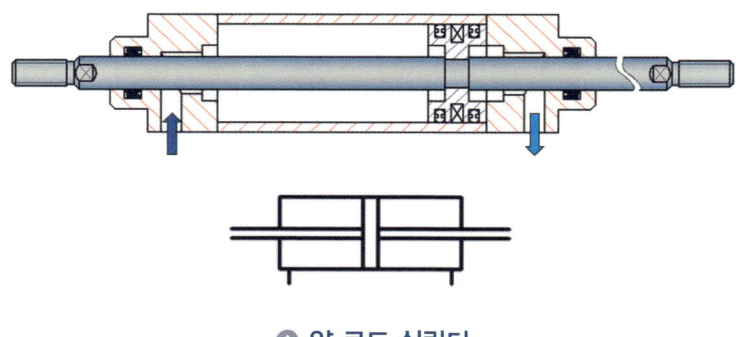

🔺 **양 로드 실린더**

4) 탠덤 실린더

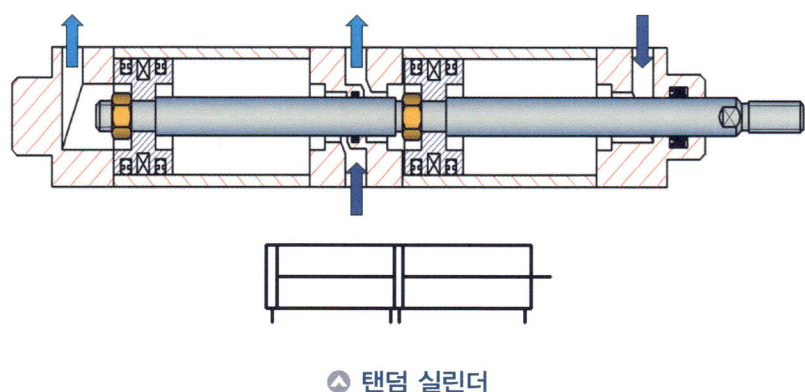

◎ 탠덤 실린더

라. 공압 실린더의 세부 분류

1) 피스톤 형식에 따른 분류

가) 피스톤형
나) 플런저(램)형
다) 다이어프램형

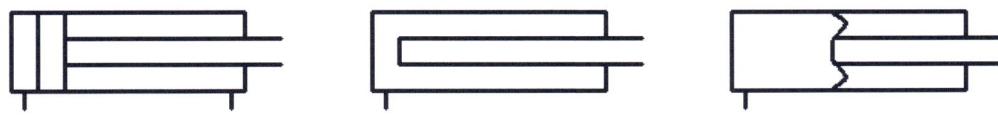

2) 작동 형식에 따른 분류

가) 단동형
나) 복동형
다) 차동형

3) 피스톤 로드 형식에 따른 분류

    가) 한쪽 로드형

    나) 양쪽 로드형

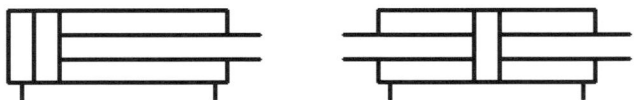

4) 쿠션 장치 유무에 따른 분류

    가) 쿠션 없음

    나) 한쪽 쿠션

    다) 양쪽 쿠션

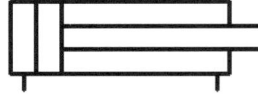 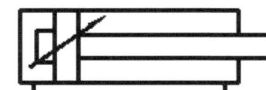 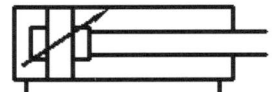

5) 위치 결정 형식에 따른 분류

    가) 2위치형

    나) 다위치형

    다) 브레이크 붙이형

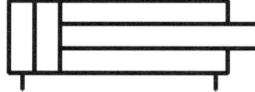  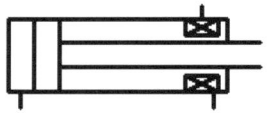

6) 장착 형식에 따른 분류

가) 고정형

나) 직선 운동

　(1) 풋형

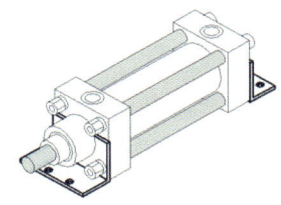 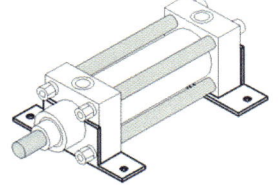

　(2) 플랜지형

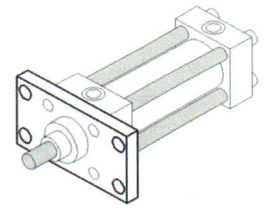 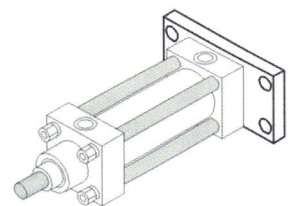

다) 요동형

라) 요동 운동

　(1) 클레비스형

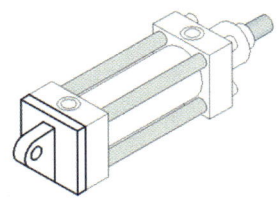 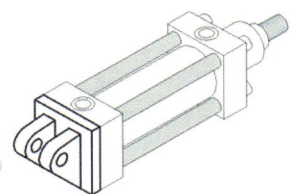

　(2) 트러니언형

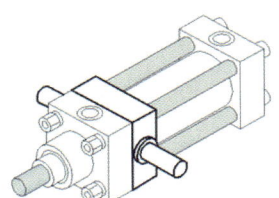 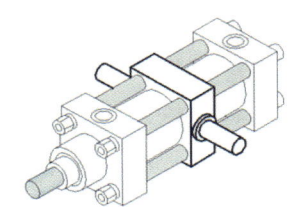

5 기타

가. 전원 공급기

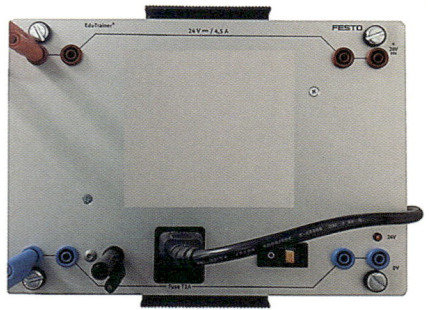

나. 3쌍 릴레이 유닛

다. 신호입력 스위치 유닛

라. 전기 리밋(limit) 스위치(좌)

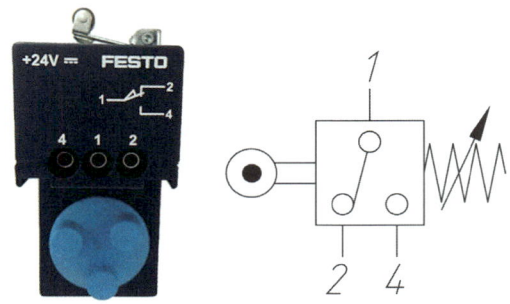

마. 전기 리밋(limit) 스위치(우)

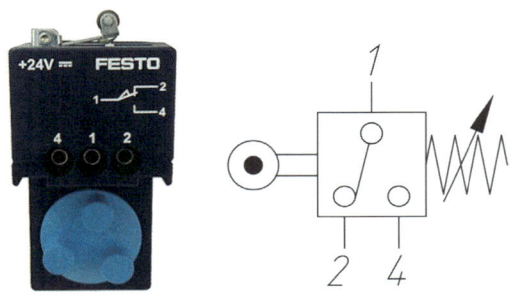

사. 근접 스위치

1) 유도형 스위치

고주파 교류장을 이용 와전류에 의한 것으로 리미트, 리드 스위치 등 사용이 불가능한 곳에 사용되며 금속에만 반응한다.

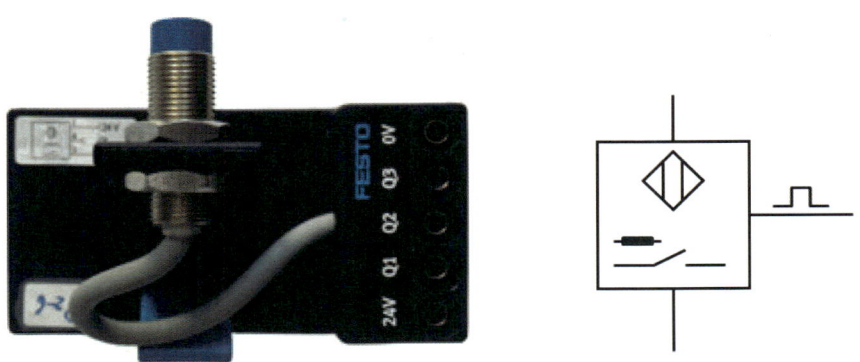

2) 용량형 스위치

절연 특성이 있는 비금속(플라스틱, 유체 등) 금속이나 먼지 등 외란의 영향을 받는다.

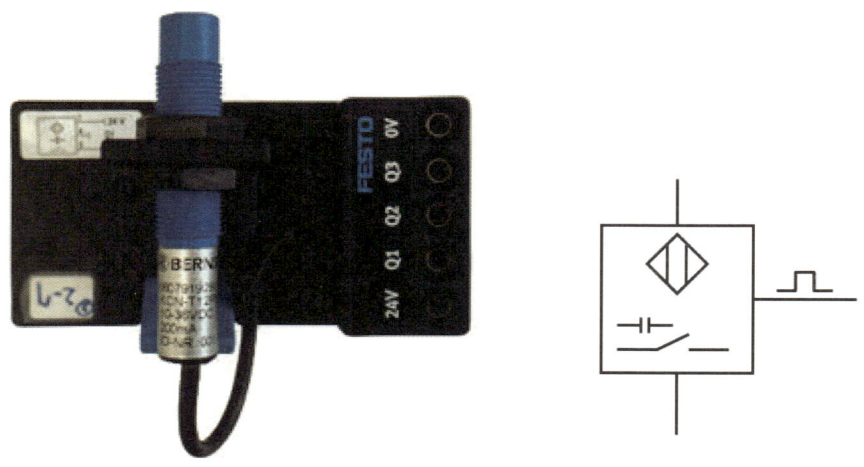

3) 광전형 스위치

빛을 이용한 센서로서 비교적 원거리에도 사용 가능하며, 절연이 필요한 곳에 사용되며, 외란의 영향이 적다.

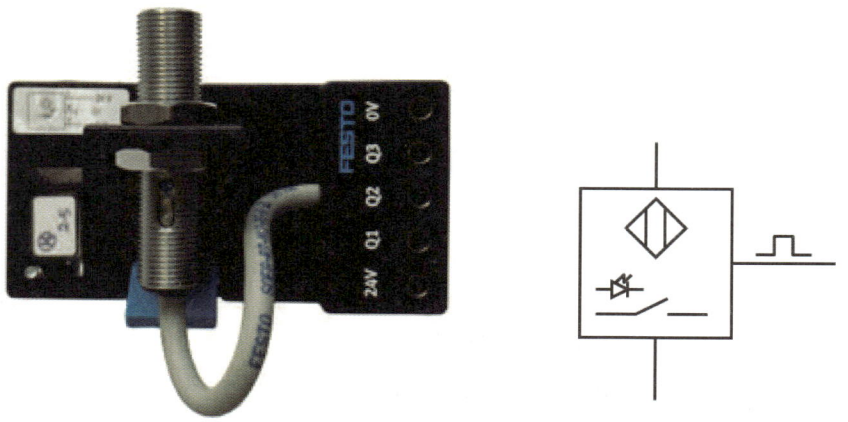

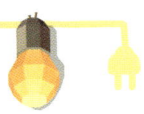

Ⅱ 유압기기

1 유압 동력원

가. 유압 펌프 유닛

전동기에서 공급되는 기계적 에너지를 유압 에너지로 변환하는 기기로, 흡입과 토출 작용을 한다.

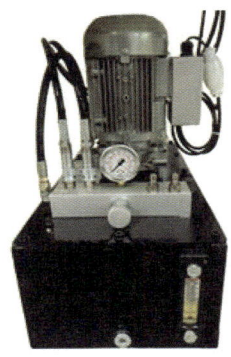
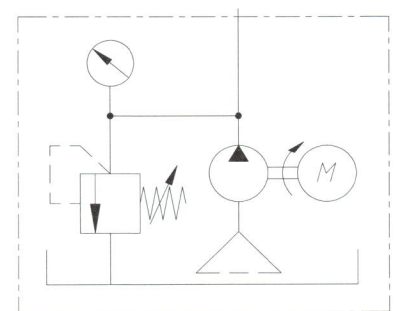

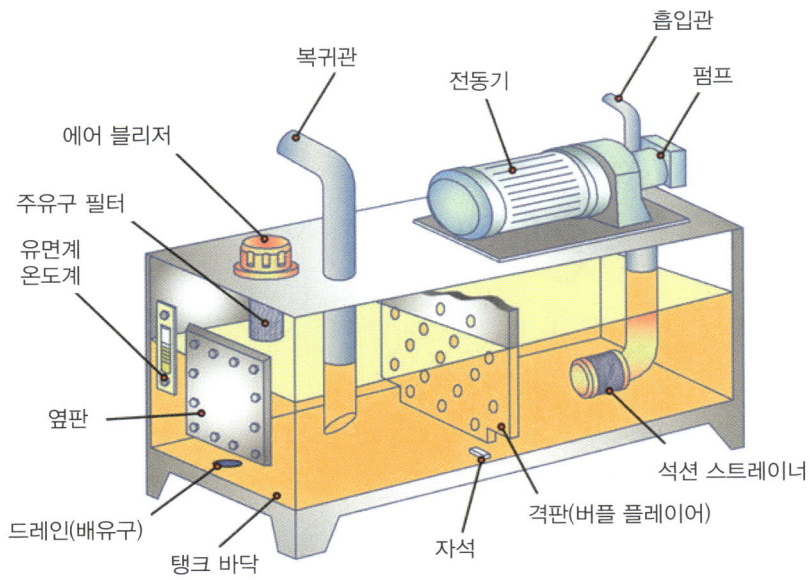

▲ 유압 펌프 유닛

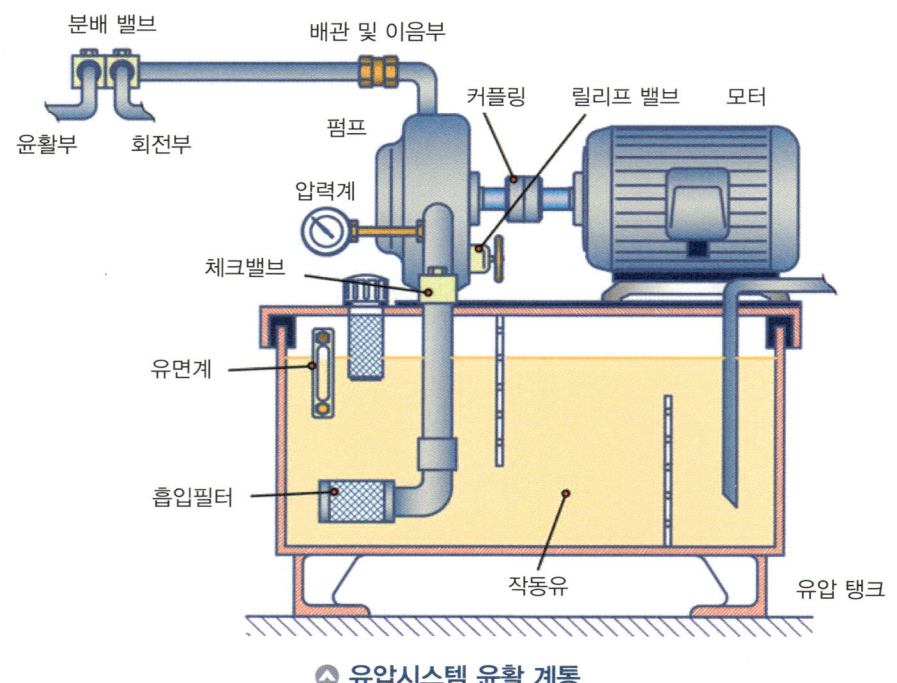

▲ 유압시스템 윤활 계통

나. 압력필터 모듈 장치

1) 유압필터의 기능

  가) 작동유 이물질 제거
  나) 깨끗한 작동유를 시스템에 공급
  다) 흡입, 복귀 관로 등에 설치
  라) 여과 방식
    (1) 표면식
    (2) 적층식
    (3) 자기식

▲ 필터

2) 설치 위치에 따른 필터의 분류

명칭	설치 위치	내용
흡입필터	흡입 측 설치	이물질에 의한 펌프 파손을 예방
라인필터	토출 측 설치	이물질로부터 보호
복귀필터	탱크로 돌아오는 관로에 설치	유압시스템에서 가장 중요한 필터
순환필터	탱크 안의 오일을 흡입필터를 거쳐 순환	탱크 안의 작동유 청정
공기필터	유압 탱크 상부에 설치	공기 중의 이물질이 탱크 내 유입 방지

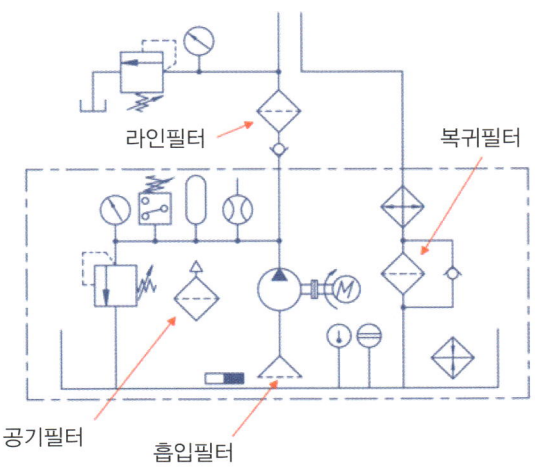

▲ 유압필터의 설치 위치

다. 유량계

라. 어큐뮬레이터

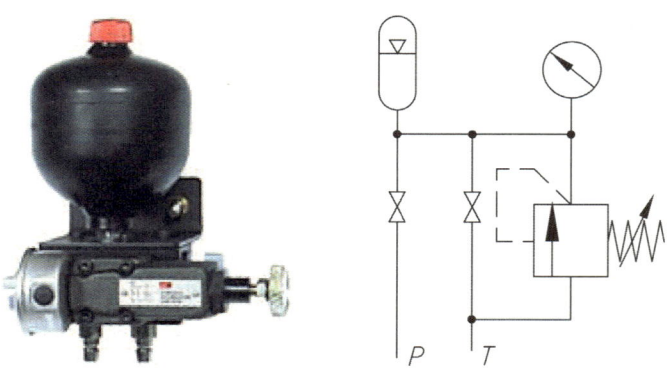

② 유압 밸브

가. 압력 릴리프 밸브

회로의 최고 압력을 제한하는 밸브로 유압 회로의 압력을 일정하게 유지시키는 밸브이다.

1) 직동형 릴리프 밸브

  가) 회로의 설정 압력 유지, 최고 사용 압력 제한
  나) 회로 내 과부하 방지
  다) 소유량 저압 회로에 적합

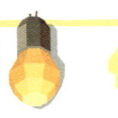

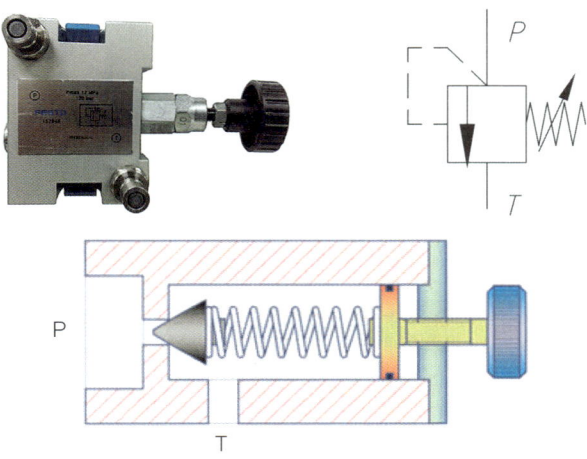

◎ 직동형 릴리프 밸브

나. 카운터 밸런스 밸브

유압 회로의 일부에 배압을 발생시키고자 할 때 사용하는 밸브이다.

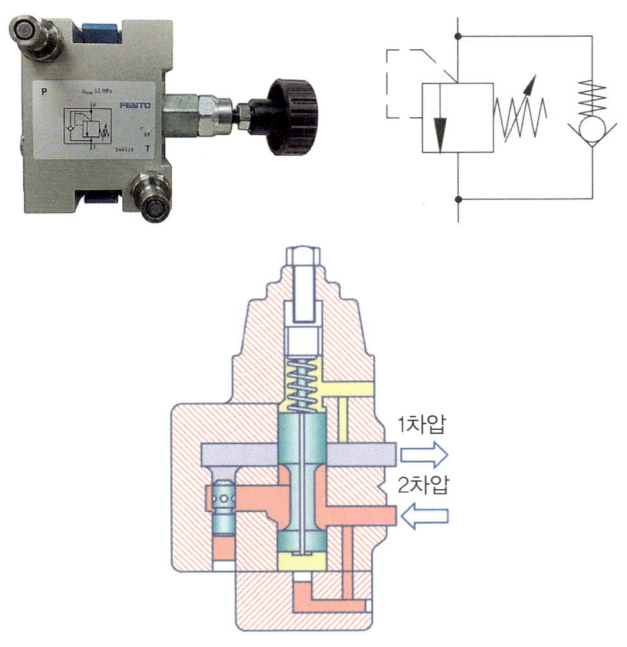

◎ 카운터 밸런스 밸브

다. 감압 밸브

분기회로의 압력을 주회로의 압력보다 저압이 필요할 때 사용되며, 사용조건 변동에 대응하여 2차 회로의 설정 공급압력을 일정하게 유지시키는 밸브이다.

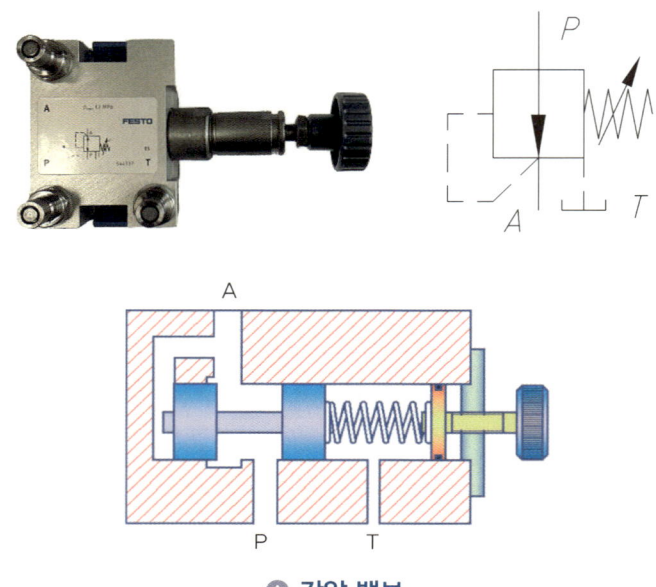

🔺 감압 밸브

라. 스로틀 밸브

양쪽 방향 유량 흐름에 대한 제어가 가능한 밸브이다.
1) 교축부 간격 조절
2) 양쪽 방향으로 유량 조절
3) 미소유량 조절과 대유량 조절에도 적합

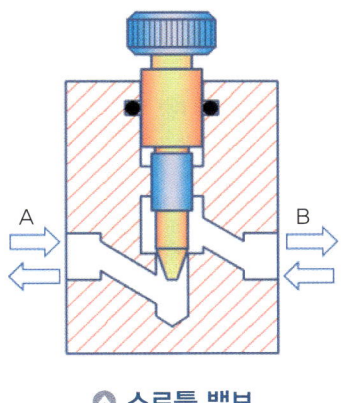

△ 스로틀 밸브

마. 스로틀 체크 밸브

한쪽 방향의 유량 흐름에 대한 제어가 가능하고 역방향의 흐름은 제어가 불가능한 밸브이다.

1) 교축부 간격 조절
2) 한쪽 방향으로 유량 조절
3) 면적이 다른 액추에이터 속도제어에 적합

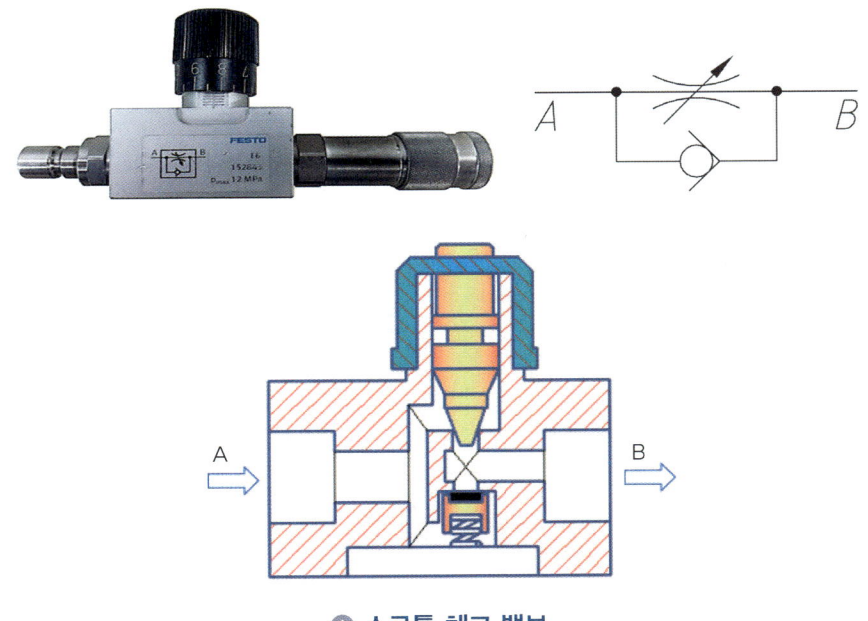

△ 스로틀 체크 밸브

바. 차단 밸브

사. 라인 체크 밸브

아. 파일럿 조작 체크 밸브

1) 체크 밸브에 파일럿 포트 추가된 구조
2) A, B 포트는 유압유의 흐름 라인
3) Z 포트는 외부 파일럿 압력 유입
4) 파일럿 작동에 의해 필요시 역류 가능
5) A 포트에서 B 포트로는 자유로운 유동
6) B 포트에서 A 포트로 역류 시 Z 포트의 파일럿에 의해 동작

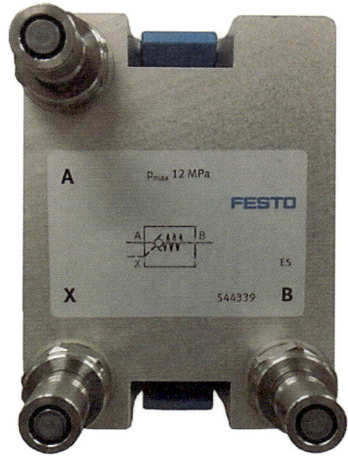
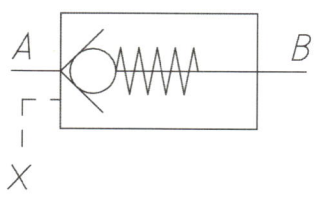

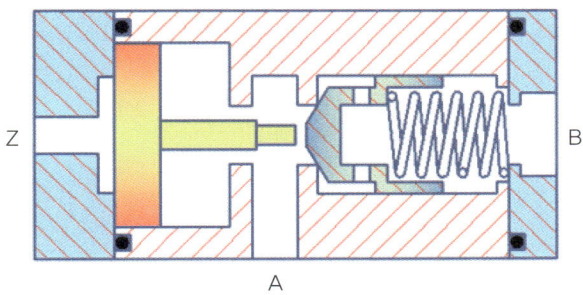

▲ 파일럿 조작 체크 밸브

자. 프레서 센시티브 스위치

▲ 압력 스위치

③ 전기 유압 밸브

가. 2/2-Way 단동 솔레노이드 밸브(N.C)

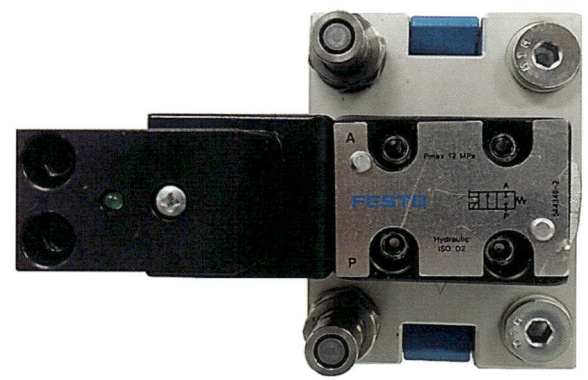
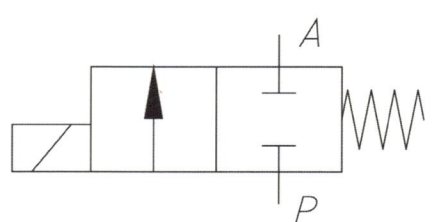

나. 3/2-Way 단동 솔레노이드 밸브

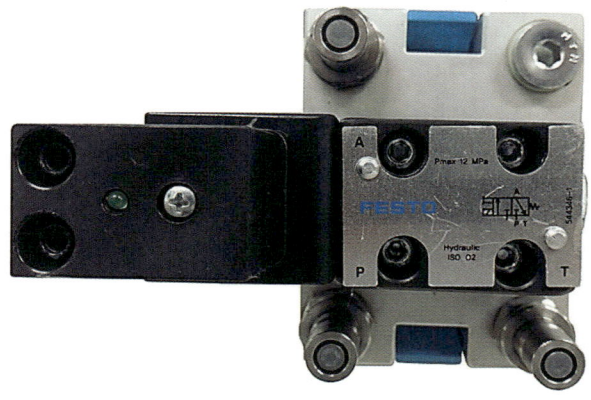
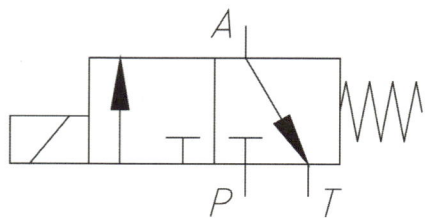

다. 4/2-Way 단동 솔레노이드 밸브

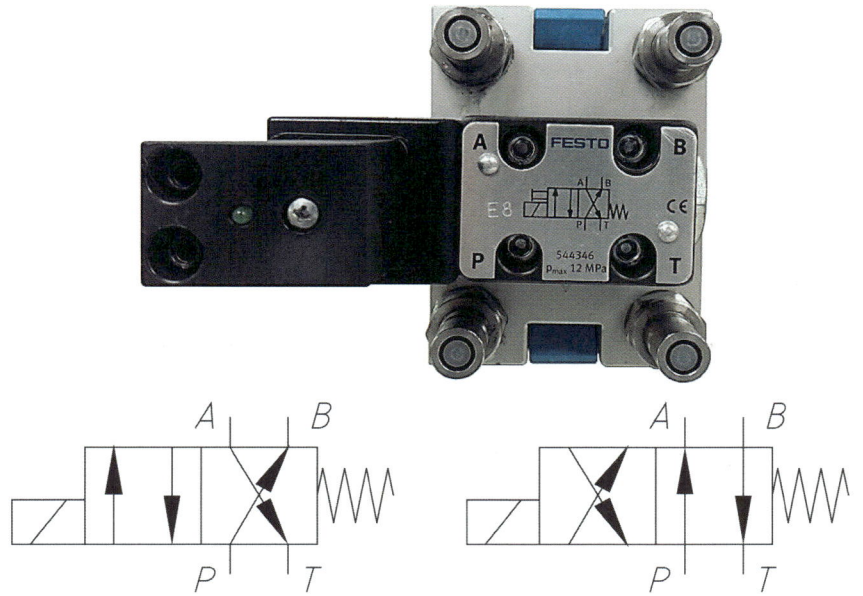

라. 4/2-Way 복동 솔레노이드 밸브

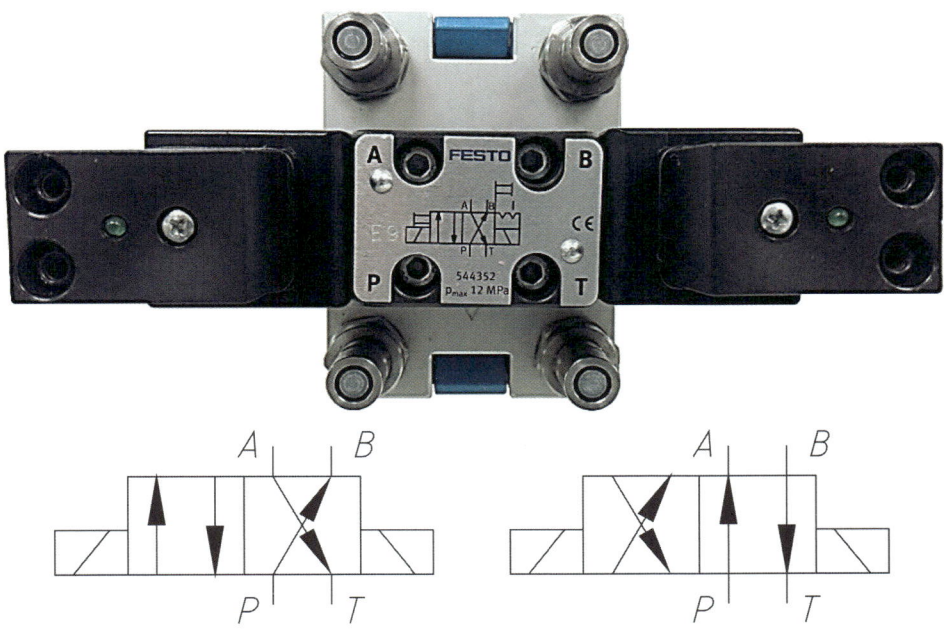

마. 4/3-Way 복동 솔레노이드 밸브(탠덤 센터형)

1) 중립 위치에서 P, T 2개의 포트가 연결된 구조
2) 센터 바이패스 형
3) 작업 포트 A, B는 차단된 구조
4) 공회전 시 유압유는 탱크로 귀환되어 무부하 운전
5) 실린더의 임의 위치에 고정

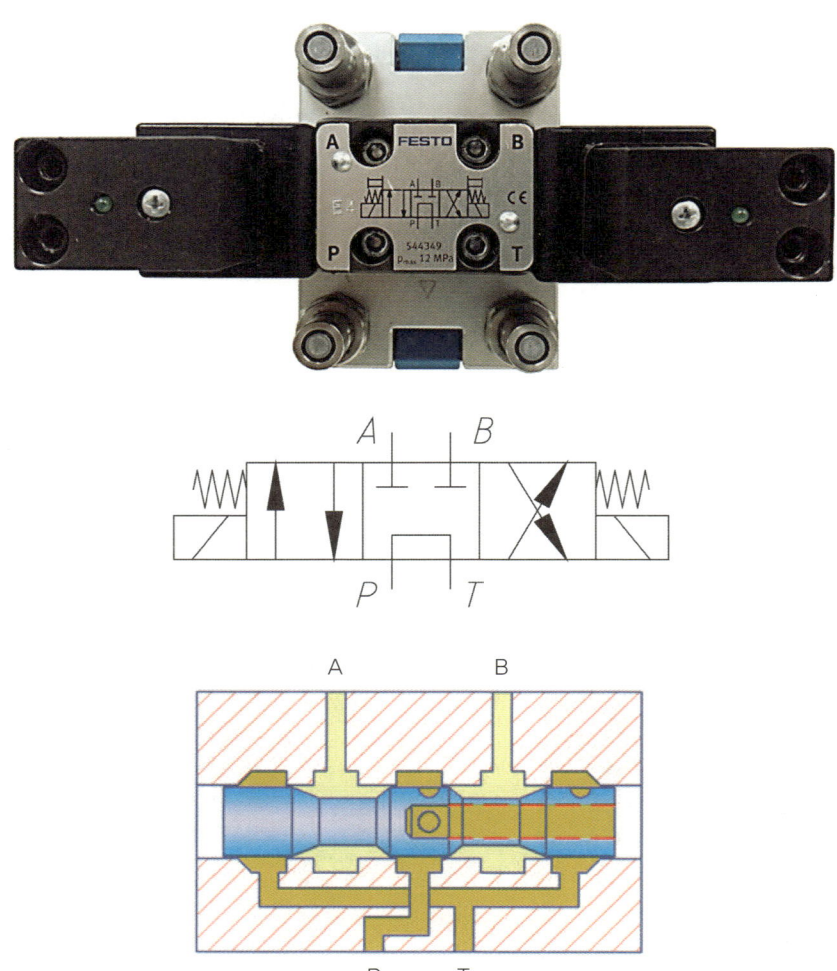

바. 4/3-Way 복동 솔레노이드 밸브(클로즈 센터형)

1) 중립 위치에서 4개의 포트가 막힌 구조
2) 공회전 시 유압유는 릴리프 밸브를 통해 탱크로 귀환
3) 토출된 유압유를 다른 회로에 사용 가능
4) 급격한 작동 시 서지압 발생
5) 실린더의 임의 위치에 고정

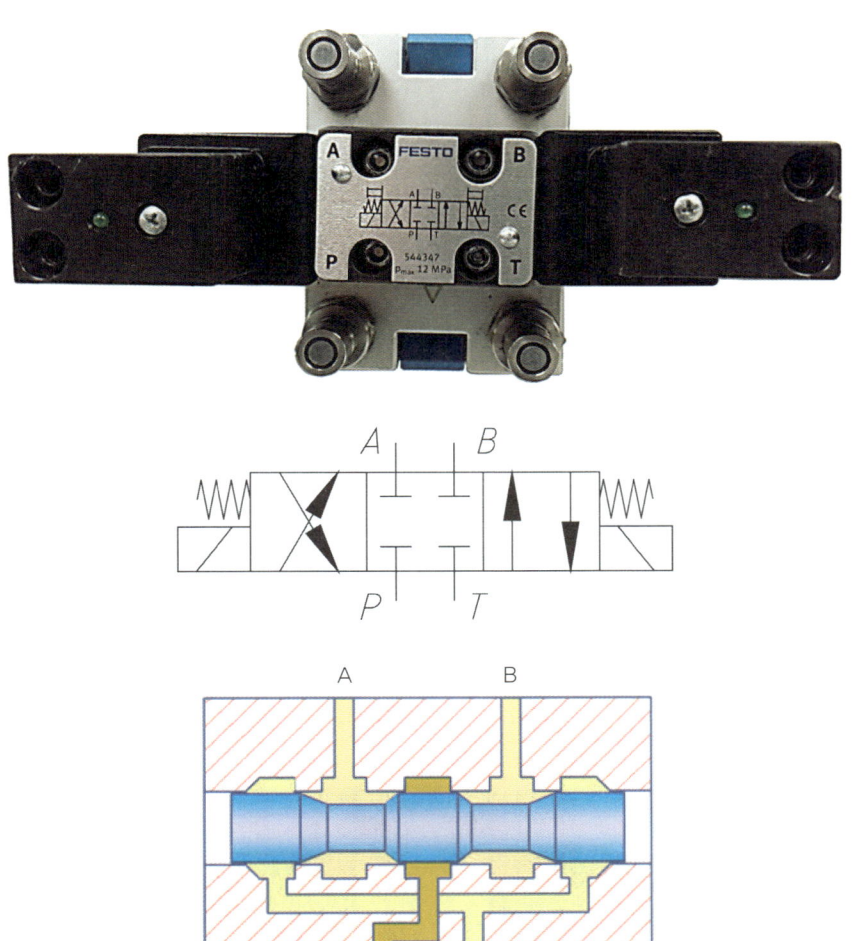

사. 4/3-Way 복동 솔레노이드 밸브(오픈 센터형)

1) 중립 위치에서 4개의 포트가 연결된 구조
2) 공회전 시 유압유는 탱크로 귀환되어 무부하 운전
3) 방향전환 성능이 좋음
4) 방향전환 시 충격이 적음
5) 실린더를 임의의 위치에 확실히 고정시킬 수 없음

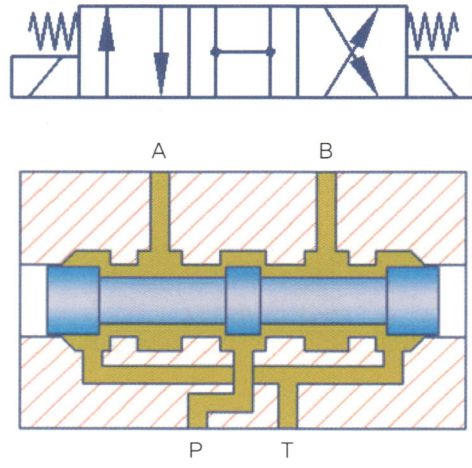

아. 4/3-Way 복동 솔레노이드 밸브(A-B-T 접속형)

1) 펌프 클로즈 센터형
2) 중립 위치에서 P 포트 차단
3) 3위치 파일럿 조작 밸브(파일럿 조작형 체크밸브)의 파일럿 밸브로 많이 사용

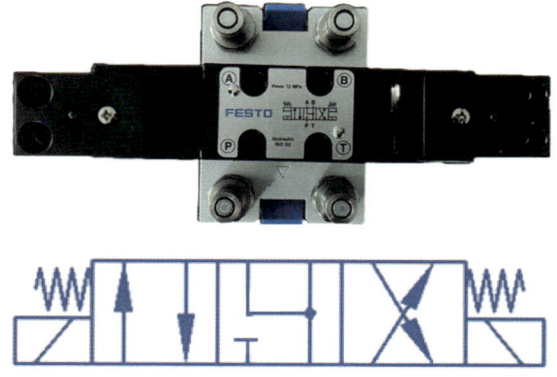

4 유압 액추에이터

가. 유압 복동 실린더

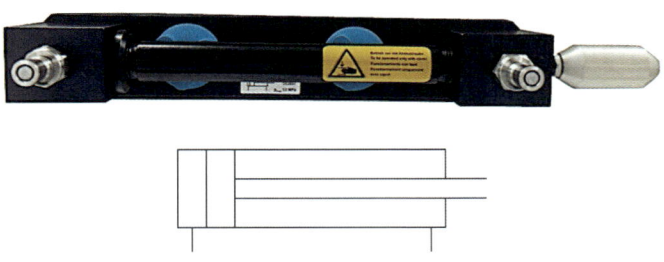

나. 유압 복동 실린더 구조

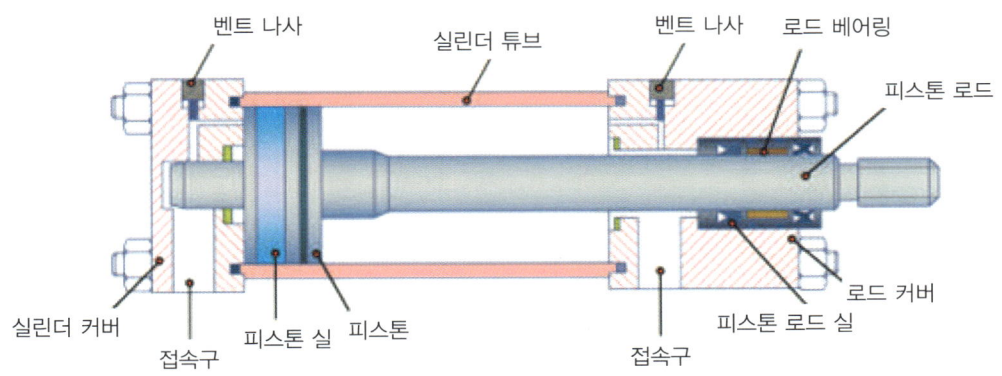

▲ 유압 복동 실린더

다. 유압 복동 실린더 기호 요소

1) 실선: 주관로, 파일럿 밸브의 공급 관로, 전기 신호선
2) 복선(기계적 결합): 회전축, 레버, 피스톤 로드
3) 정삼각형: 유압 또는 공기압 구분, 유체 에너지 방향, 유체의 종류, 에너지원
4) 직사각형: 실린더, 밸브, 피스톤

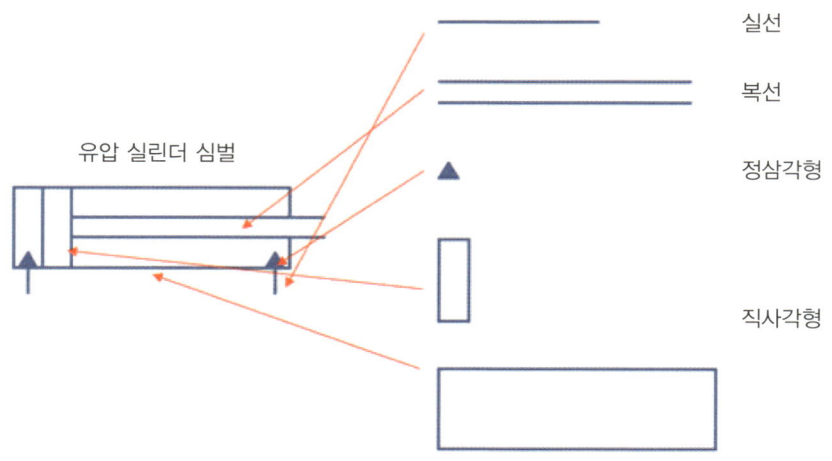

◎ 유복동 실린더 기호 요소

라. 유압 모터

◎ 유압 모터

마. 유압 모터 기호 요소

1) 실선: 주관로, 파일럿 밸브의 공급 관로, 전기 신호선
2) 복선(기계적 결합): 회전축, 레버, 피스톤 로드
3) 파선: 파일럿 조작 관로, 드레인 관, 필터, 밸브의 과도 위치
4) 정삼각형: 유압 또는 공기압 구분, 유체 에너지 방향, 유체의 종류, 에너지원
5) 요형[소]: 유압 탱크(통기식)의 국소 표시

6) 화살표시 곡선: 열류의 방향, 회전운동(화살표는 축의 자유단에서 본 회전 방향을 표시
7) 대원: 에너지 변환기, 펌프, 압축기, 전동기
8) 반원: 회전 각도가 제한을 받는 펌프 또는 액추에이터

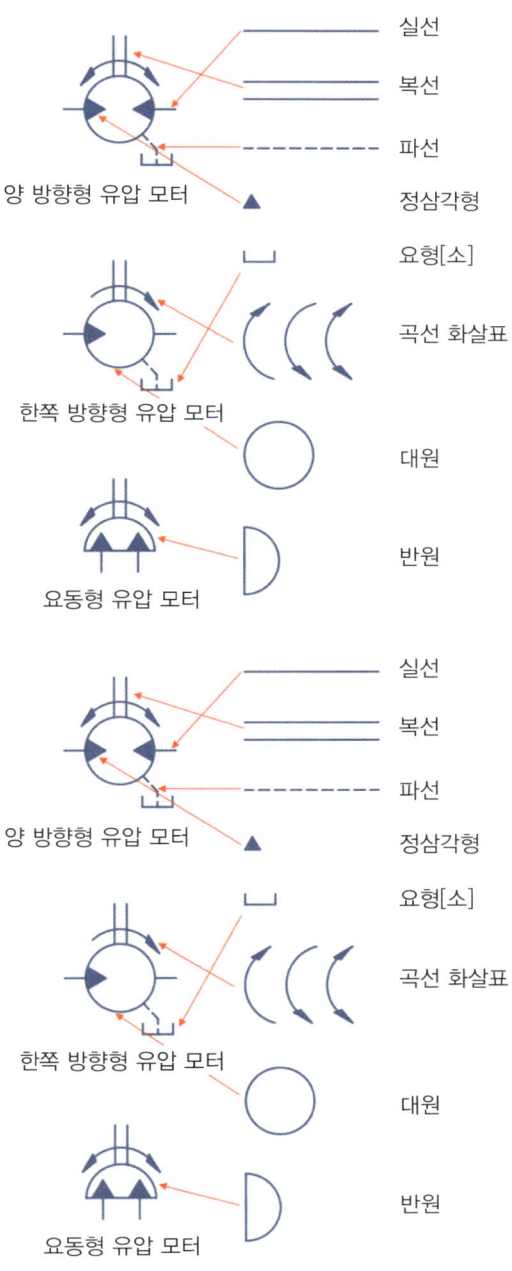

5 기타

가. 전원 공급기

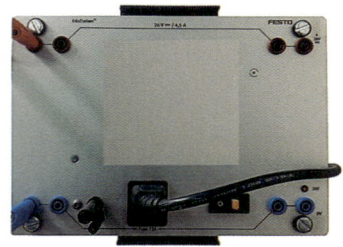

나. 3쌍 릴레이 유닛

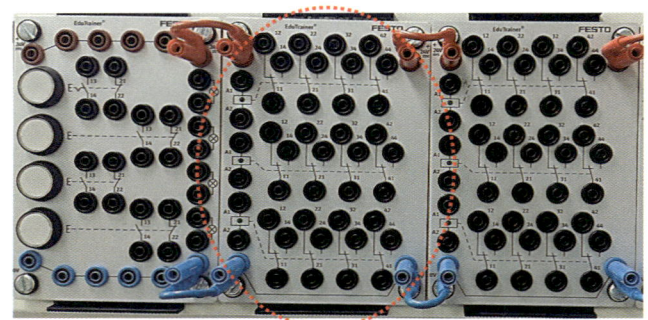

다. 신호입력 스위치 유닛

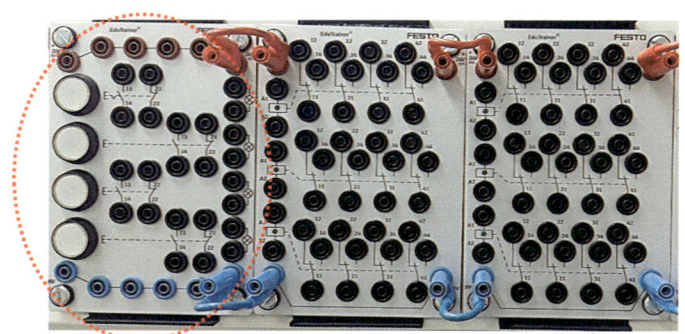

라. 타임 릴레이 유닛

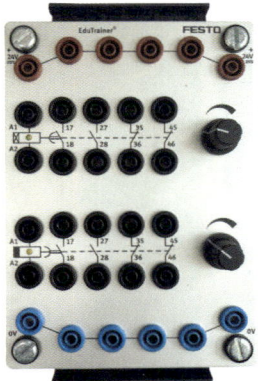

마. 카운터 유닛

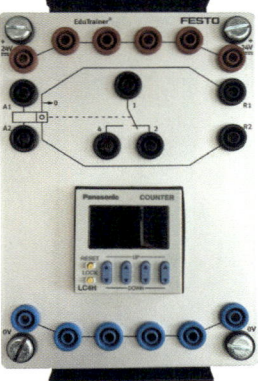

바. 버저(buzzer) & 램프 유닛

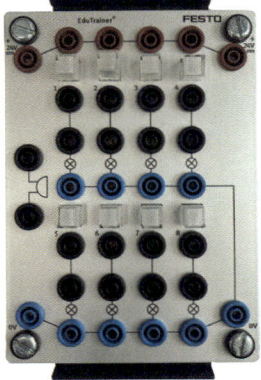

사. 전기 리밋(limit) 스위치(좌)

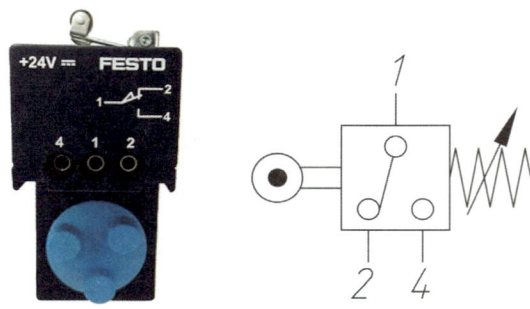

아. 전기 리밋(limit) 스위치(우)

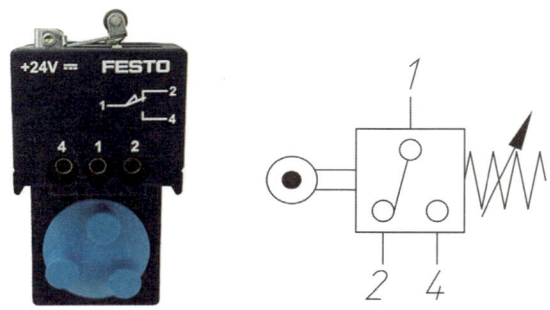

자. 압력 게이지

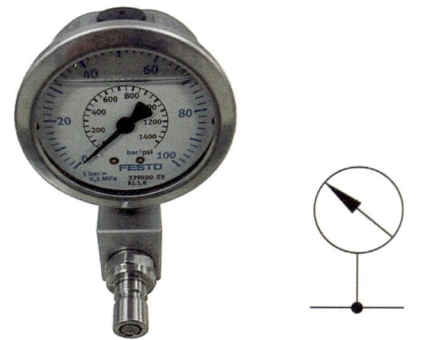

차. T-커넥터

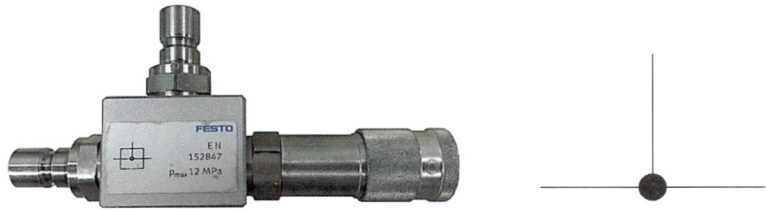

카. 압력 제거기

6 유압 회로

가. 압력설정 회로

1) 모든 유압 회로의 기본
2) 회로 내의 압력을 설정 압력으로 조정하는 회로
3) 안전 측면에서도 필수 회로
4) 설정 압력 이상이 될 때는 릴리프 밸브가 열려 탱크로 작동유 귀환

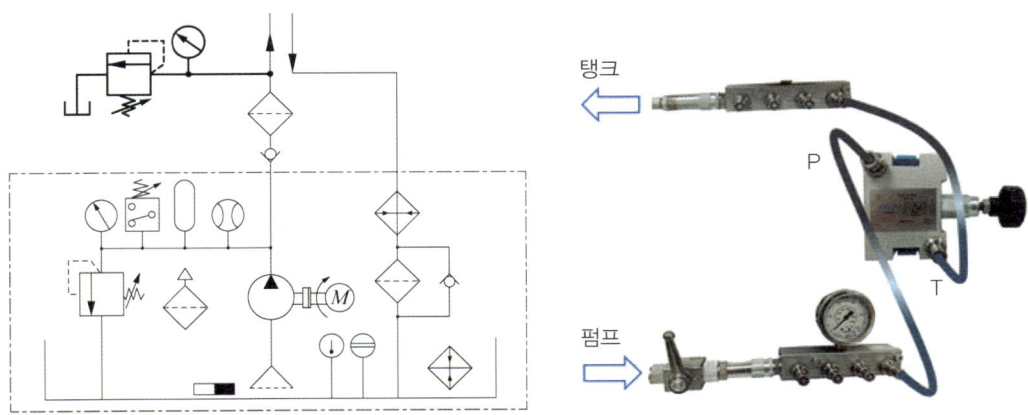

△ 압력설정 회로

나. 무부하 회로

1) 무부하 회로의 정의

가) 회로에서 작동유가 필요하지 않을 때
나) 일을 하지 않을 때 작동유를 탱크로 귀환
다) 펌프에 부하가 가지 않는 회로

2) 무부하 회로의 장점

가) 펌프의 구동력 절약
나) 유압 장치의 가열 방지
다) 펌프의 수명 연장
라) 효율 증가
마) 유온 상승 방지
바) 유압유 노화 방지

3) 무부하 방법

가) 방향제어 밸브에 의한 무부하

(1) 4포트 3위치 방향제어 밸브 사용
(2) 중립 위치에서 탠덤 센터형인 3위치 전환 밸브 사용
(3) 간단한 방법의 무부하
(4) 간단한 방법의 무부하

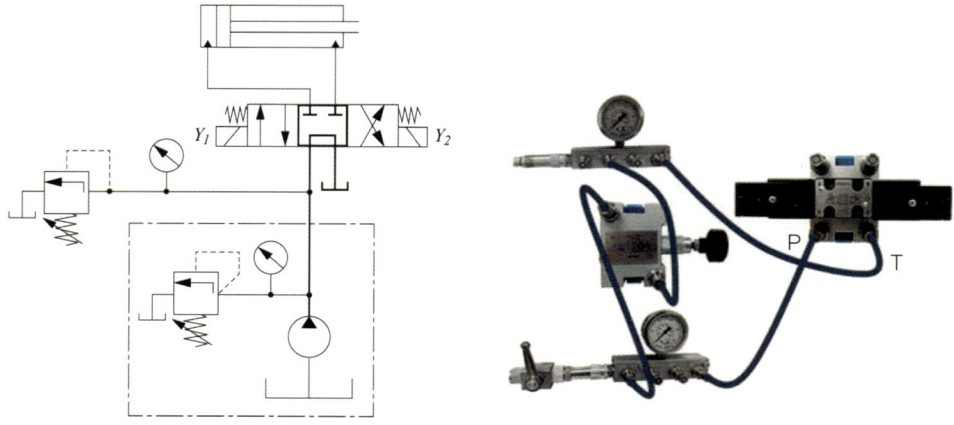

▲ 방향제어 밸브에 의한 무부하

나) 단락에 의한 무부하

(1) 압력 스위치 접점의 단락에 의한 방법
(2) 펌프 토출 전량을 저압 그대로 탱크에 귀환시키는 회로
(3) 회로 구성 간단
(4) 유압 회로에 압력이 전혀 필요 없을 경우 적합

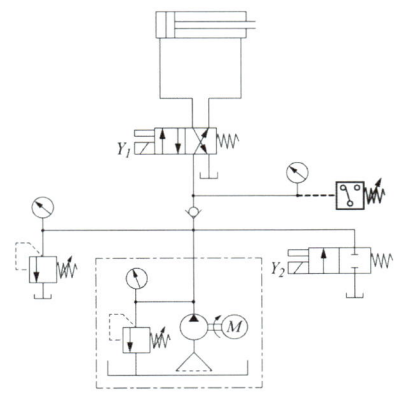

🔺 **단락에 의한 무부하**

다) 압력보상 가변 용량형 펌프에 의한 무부하

(1) 압력보상 가변 용량형 펌프 사용
(2) 방향제어 밸브는 클로즈 센터형
(3) 펌프는 밸브의 누유에 상당하는 양만 보충
(4) 최소 토출 상태가 되어 동력 소비 절감

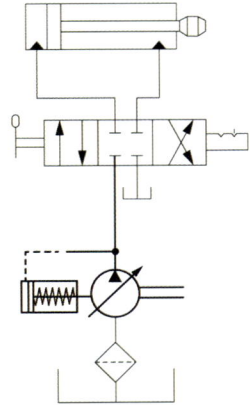

🔺 **압력보상 가변 용량형 펌프에 의한 무부하**

다. 압력제어 회로

1) 압력제어 회로의 정의

가) 회로의 최고압을 제어
나) 회로의 일부 압력을 감압
다) 작동 목적에 적합한 압력을 얻기 위함

2) 압력제어 회로의 종류

가) 최대압력 제한 회로

(1) 프레스에 주로 응용
(2) 고압 릴리프 밸브와 저압 릴리프 밸브 2종 사용
(3) 하강 행정은 고압 릴리프 밸브
(4) 상승 행정은 저압 릴리프 밸브
(5) 저압 릴리프 밸브로 동력 절감

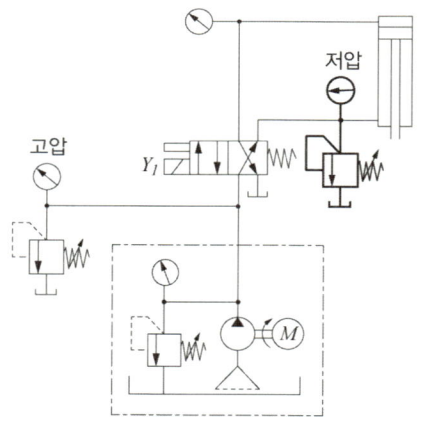

🔺 최대압력 제한 회로

나) 2압력 회로

(1) 1개의 회로에 2종류의 압력 활용
(2) 점 용접기에 응용
(3) A 실린더 작업: 감압 밸브 압력
(4) B 실린더 고정: 릴리프 밸브 압력

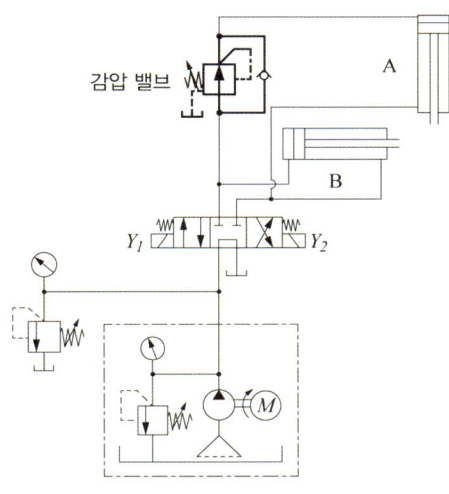

◎ 2압력 회로

다) 배압 유지 회로

(1) 릴리프 밸브와 체크 밸브 병렬 조합
(2) 회로의 일부에 배압 유지

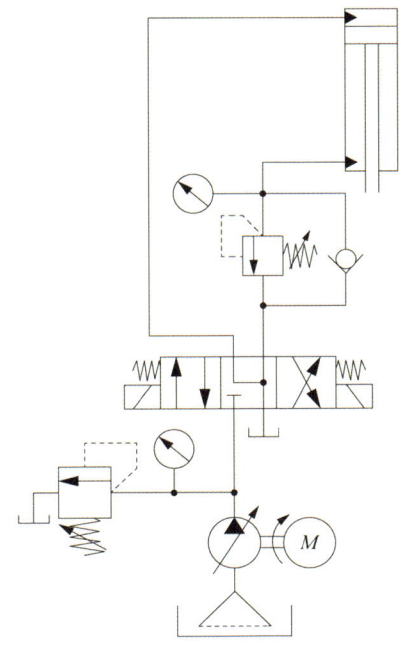

◎ 배압 유지 회로

라. 속도제어 회로

1) 속도제어 회로의 정의

가) 공급 또는 배출되는 유량을 조절
나) 실린더, 모터 등의 액추에이터 속도를 가감할 수 있는 회로

2) 속도제어 회로의 종류

가) 미터 인 회로

(1) 실린더로 유입되는 유량 조절
(2) 실린더에서 배출되는 유량은 자유로운 흐름

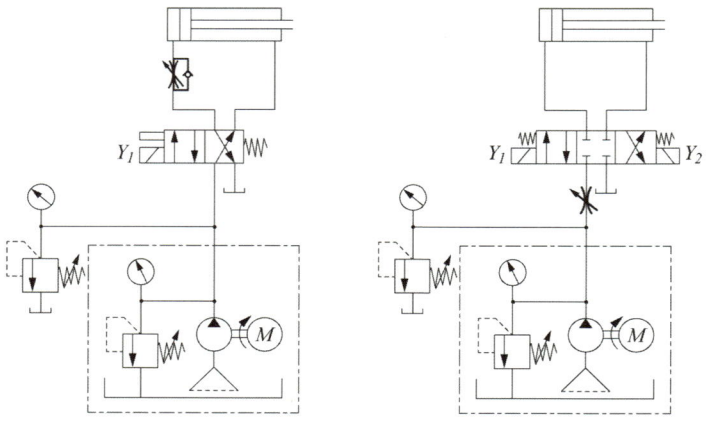

🔺 미터 인 회로

나) 미터 아웃 회로

(1) 실린더에서 유출되는 유량 조절
(2) 실린더로 유입되는 유량은 자유로운 흐름
(3) 일정한 속도제어 용이

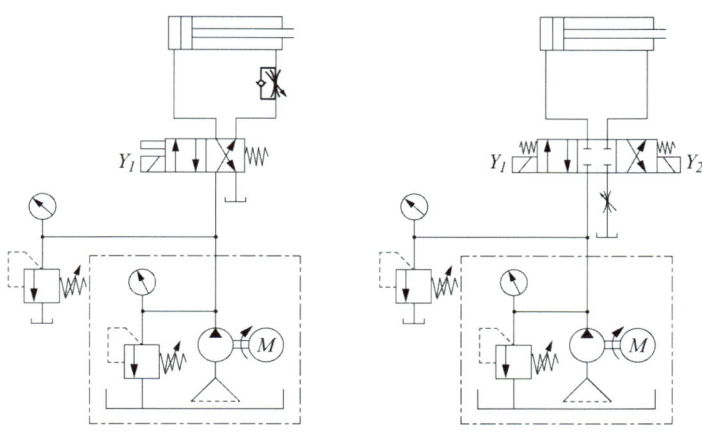

◆ 미터 아웃 회로

다) 블리드 오프 회로

 (1) 분기 회로에 유량제어 밸브 설치
 (2) 피스톤 이송 부정확

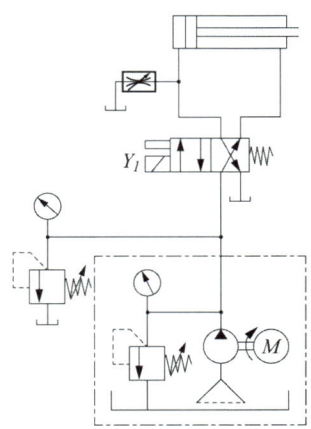

◆ 블리드 오프 회로

Ⅲ 제어 기기 기호

1 스위치와 릴레이

가. 접점

1) 스위치

　　가) 열림 접점(A접점)　　나) 닫힘 접점(B접점)　　다) 전환 접점(C접점)

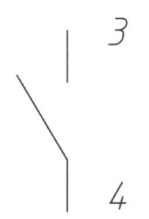　　　　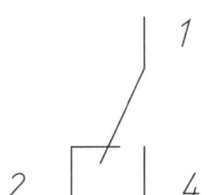

나. 푸시 버튼

1) 수동 작동

　　가) 열림 접점(A접점)　　나) 닫힘 접점(B접점)　　다) A접점(Lock)　　라) B접점(Lock)

다. 리밋 스위치

1) 기계적(롤러) 작동

　　가) 열림 접점(A접점)　　나) 닫힘 접점(B접점)　　다) A접점(동작)　　라) B접점(동작)

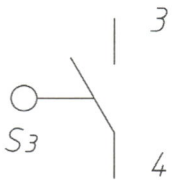　　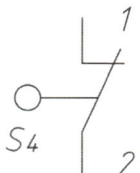　　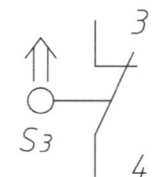

라. 릴레이

1) 릴레이와 엑추에이터 코일

가) 릴레이   나) 여자지연 릴레이   다) 소자지연 릴레이   라) 솔레노이드 밸브

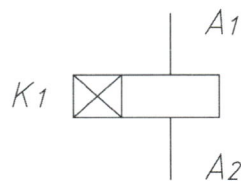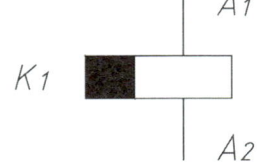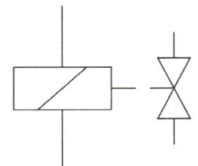

2) 지시기

가) 램프(시각)   나) 부저(청각)   다) 압력계(측정)

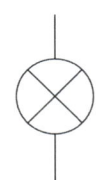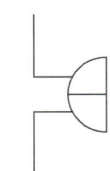

2 솔레노이드

1) 기계적 전기적 작동

가) 솔레노이드   나) 복동 솔레노이드   다) 단동 솔레노이드

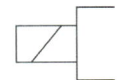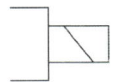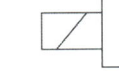

라) 수동 작동   마) 간접 작동   바) 압력-전기 신호변환기

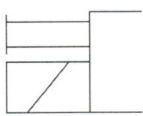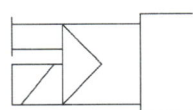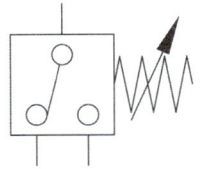

3 밸브의 표시

1) 밸브의 표시

가) 밸브의 제어 위치 사각형으로 표시

나) 제어 위치 수는 사각형 수로 표시

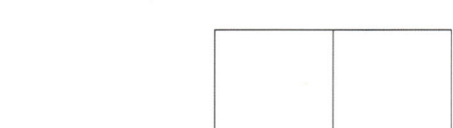

다) 유로의 방향은 화살표로 표시

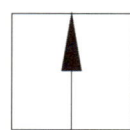

라) 차단 표시 직각선을 그어 표시

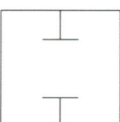

마) 배관 연결부는 짧은 선으로 표시

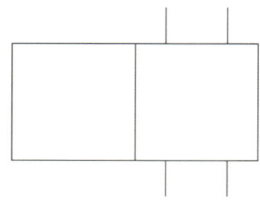

2) 포트와 제어 위치

가) 2/2-Way 방향제어 밸브(N.C)

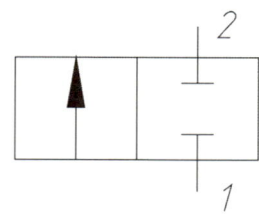

나) 2/2-Way 방향제어 밸브(N.O)

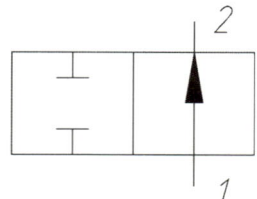

다) 3/2-Way 방향제어 밸브(N.C)　　라) 3/2-Way 방향제어 밸브(N.O)

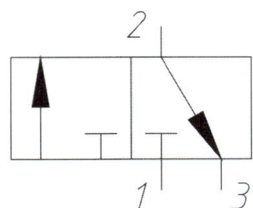 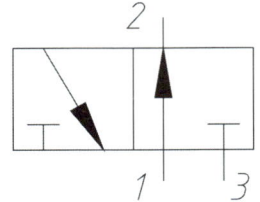

마) 4/2-Way 방향제어 밸브　　바) 5/2-Way 방향제어 밸브

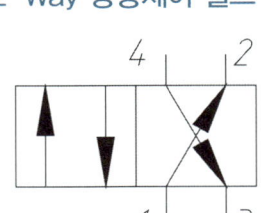 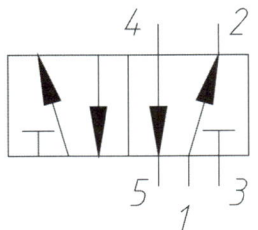

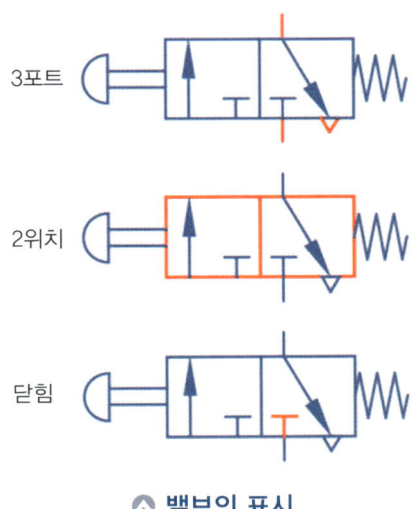

△ 밸브의 표시

3) 구조에 따른 분류

가) 포핏 타입

(1) 구조가 간단
(2) 내구성 강함

나) 스풀 타입

(1) 다 방향 밸브에 적합

다) 미끄럼 타입

　(1) 스풀 타입의 평면구조
　(2) 큰 마찰면과 조작력 필요

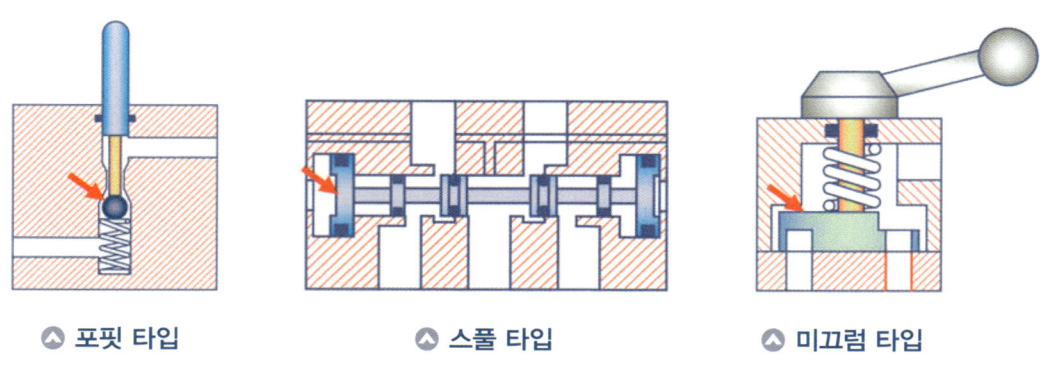

▲ 포핏 타입　　　　　▲ 스풀 타입　　　　　▲ 미끄럼 타입

④ 공압 심벌

가. 공압 발생 장치

1) 압축기　　2) 저장 탱크　　3) 서비스 유닛　　4) 공압원

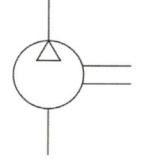  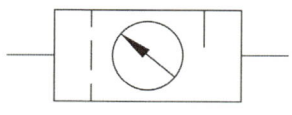 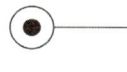

5) 서비스 유닛의 구성(필터, 압력 조절기, 압력 게이지, 윤활기)

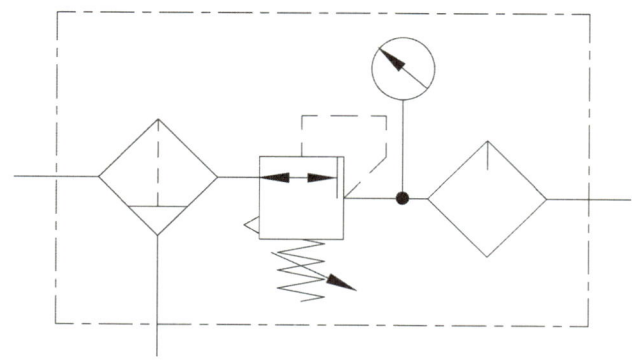

나. 논리턴 밸브와 유량제어 밸브

1) 체크 밸브 2) 이압(AND) 밸브 3) 셔틀(OR) 밸브 4) 급속배기 밸브

 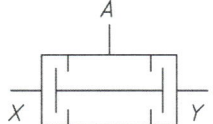 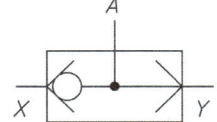 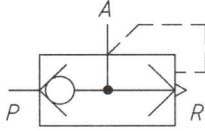

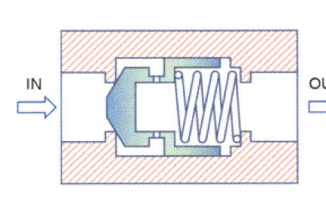 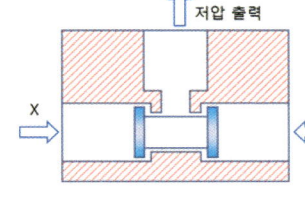 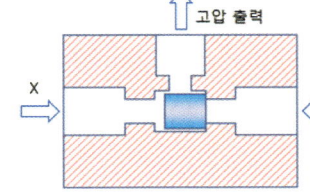

▲ 체크 밸브   ▲ 이압 밸브   ▲ 셔틀 밸브

5) 교축 밸브   6) 교축 밸브(압력보상)   7) 체크밸브 붙이 유량제어 밸브

 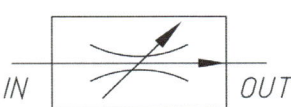 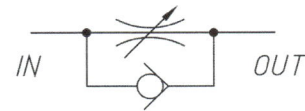

다. 방향제어 밸브

1) 5/2-Way 복동 솔레노이드 밸브   2) 5/2-Way 단동 솔레노이드 밸브

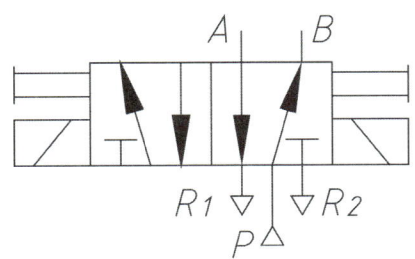 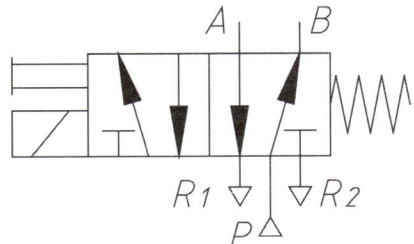

라. 선형 액추에이터

1) 단동 실린더

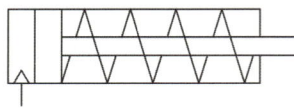

2) 복동 실린더

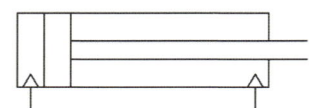

3) 복동 실린더(쿠션 내장)

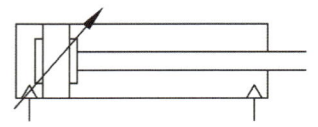

5 유압 심벌

가. 유압 파워 유닛

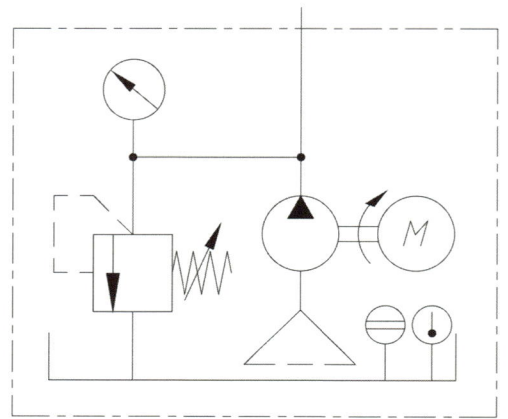

나. 유량제어 밸브

1) 스로틀 밸브

2) 체크 밸브

3) 스로틀 체크 밸브

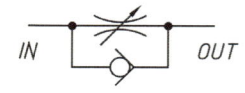

4) 파일럿 체크 밸브

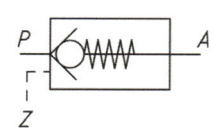

다. 압력제어 밸브

1) 릴리프 밸브
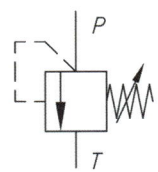

2) 감압 밸브
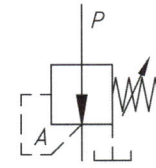

3) 언로딩 밸브
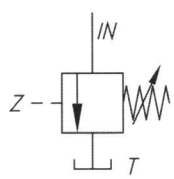

4) 카운터밸런스 밸브
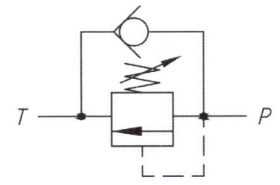

라. 방향제어 밸브

1) 2/2-Way 밸브(N.C)
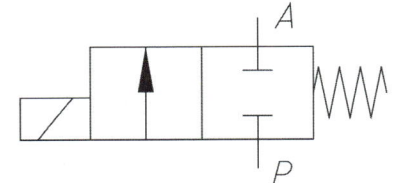

2) 2/2-Way 밸브(N.O)
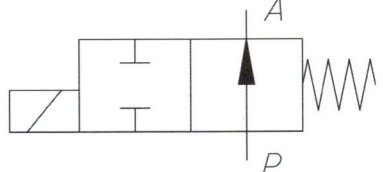

3) 3/2-Way 밸브(N.C)
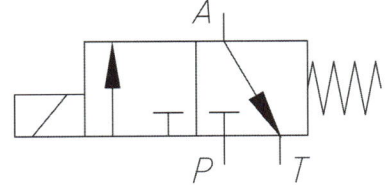

4) 3/2-Way 밸브(N.O)
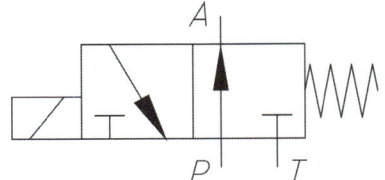

5) 4/2-Way 밸브(단동 솔레노이드)
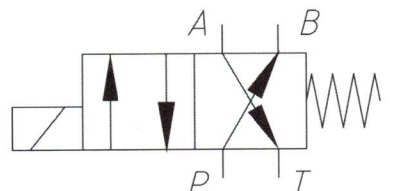

6) 4/2-Way 밸브(복동 솔레노이드)
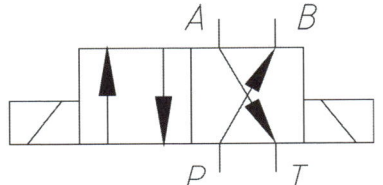

7) 4/3-Way 밸브(탠덤 센터형)
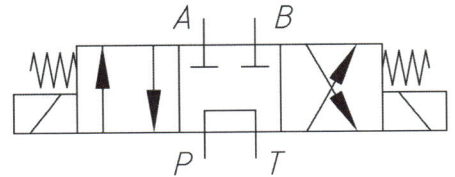

8) 4/3-Way 밸브(클로즈 센터형)
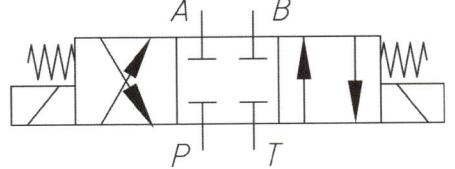

Ⅳ 전기회로 구성

① 접점

가. 정상상태 열림 접점(A접점)

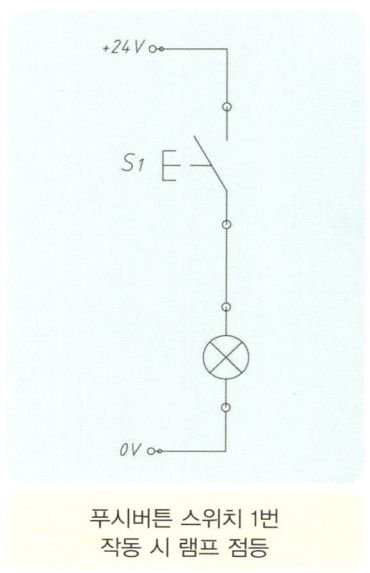
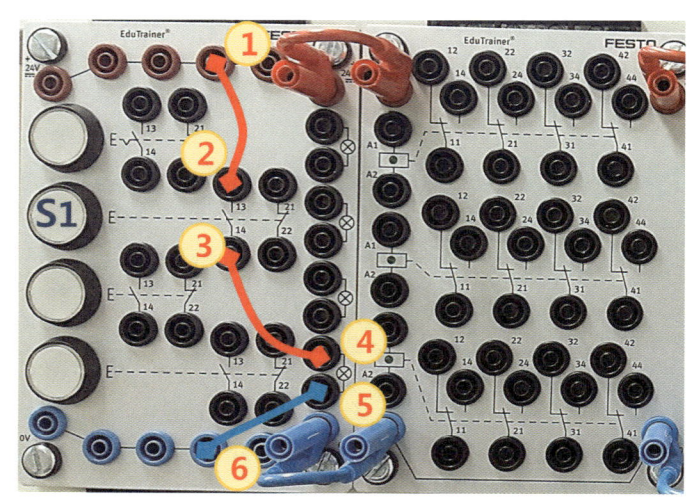

푸시버튼 스위치 1번
작동 시 램프 점등

나. 정상상태 닫힘 접점(B접점)

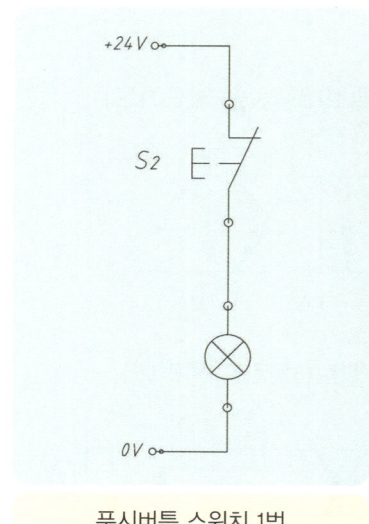

푸시버튼 스위치 1번
작동 시 램프 소등

② 논리 회로

가. 직렬 접속(AND 논리 회로)

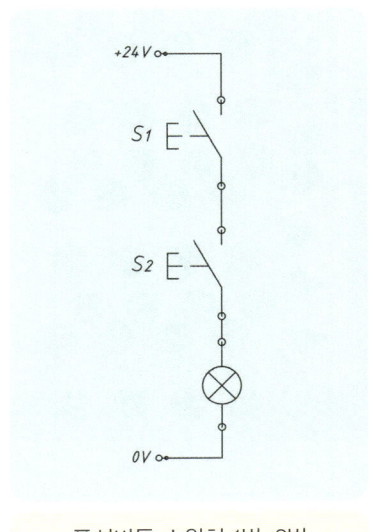

푸시버튼 스위치 1번, 2번
동시 작동 시 램프 점등

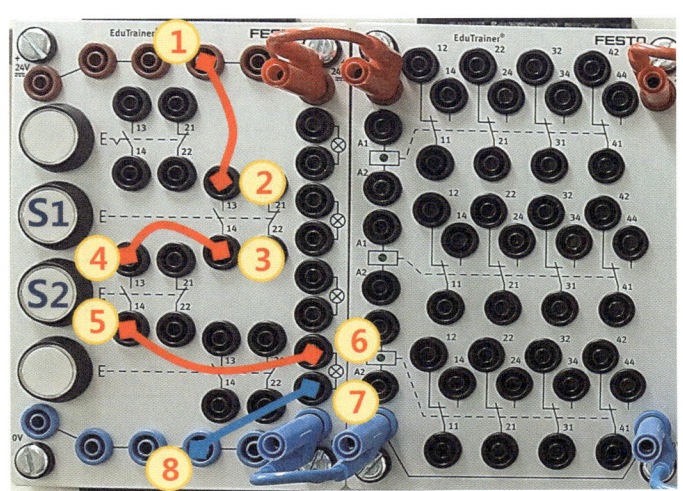

나. 병렬 접속(OR 논리 회로)

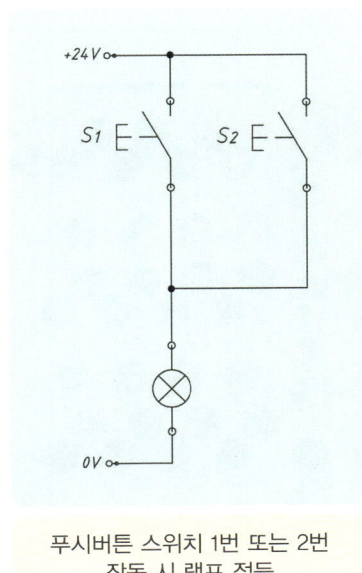

푸시버튼 스위치 1번 또는 2번
작동 시 램프 점등

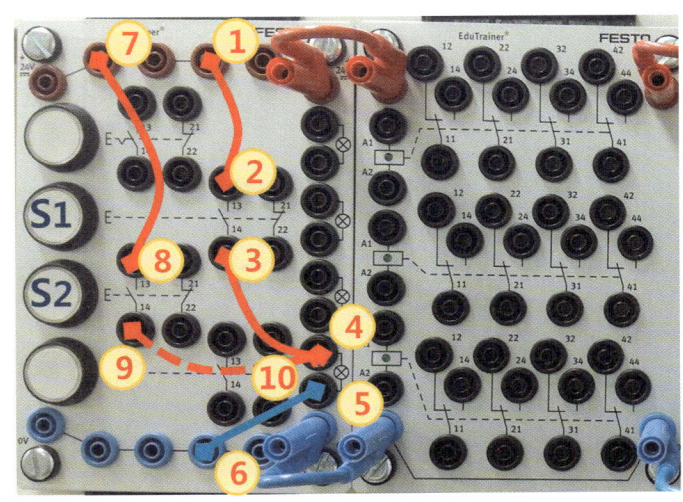

다. 스위치 연동 회로(기계적 연계)

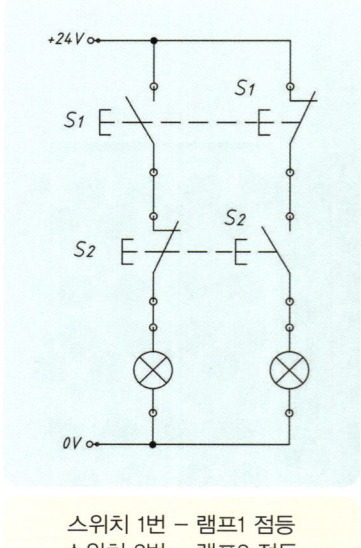
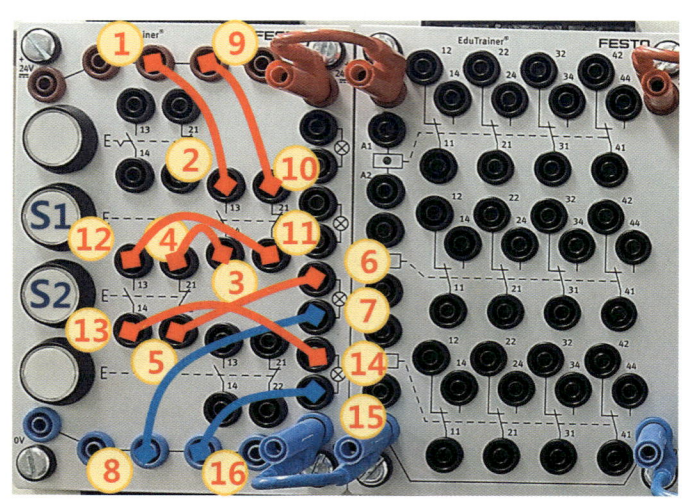

스위치 1번 – 램프1 점등
스위치 2번 – 램프2 점등

③ 릴레이 제어

가. 릴레이를 이용한 제어 회로

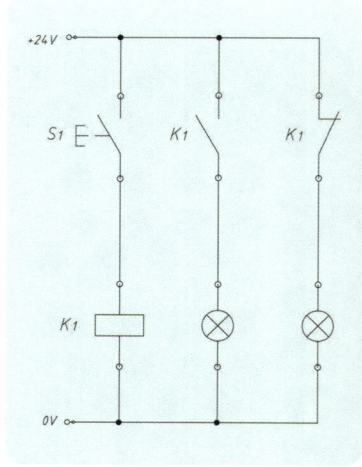

초기 상태 2번 램프 점등
– 스위치 작동 시 1번 램프 점등,
 2번 램프 소등

나. 자기 유지 회로(Off 우선)

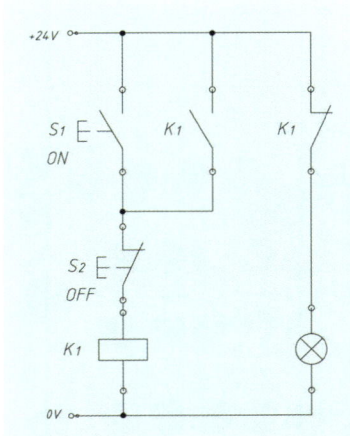

초기 상태 램프 점등
- 스위치 1번 작동 시 램프 소등, 스위치 2번 Reset
- 스위치 1번, 2번 동시 작동 시 Off 우선

다. 자기 유지 회로(On 우선)

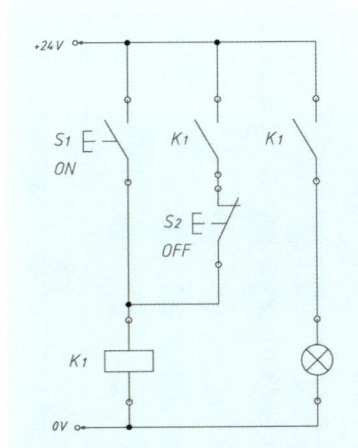

초기 상태 램프 소등
- 스위치 1번 작동 시 램프 점등, 스위치 2번 Reset
- 스위치 1번, 2번 동시 작동 시 On 우선

4 시간지연 회로

가. 여자지연(ON) 릴레이

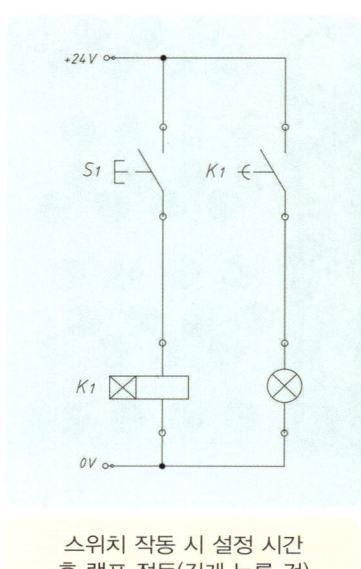

스위치 작동 시 설정 시간
후 램프 점등(길게 누를 것)

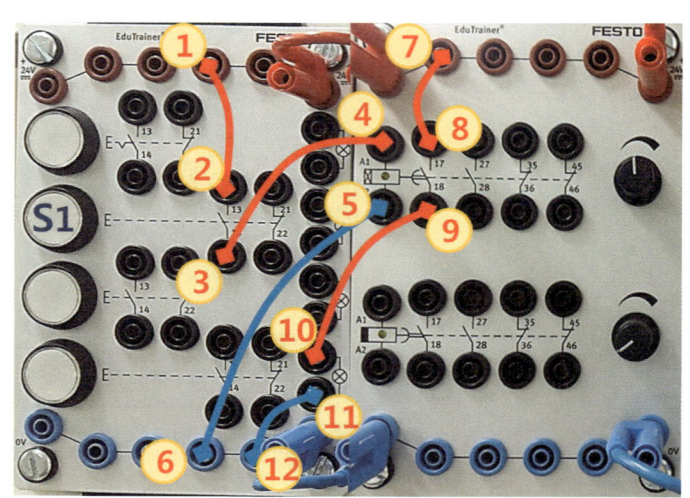

나. 소자지연(OFF) 릴레이

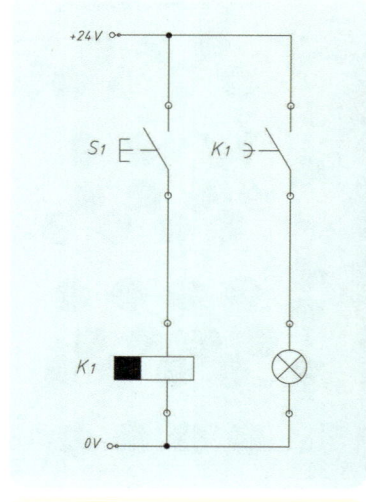

스위치 작동 시 램프 점등
− 설정 시간 유지 후 소등

5 기타 회로

가. 인터록 회로

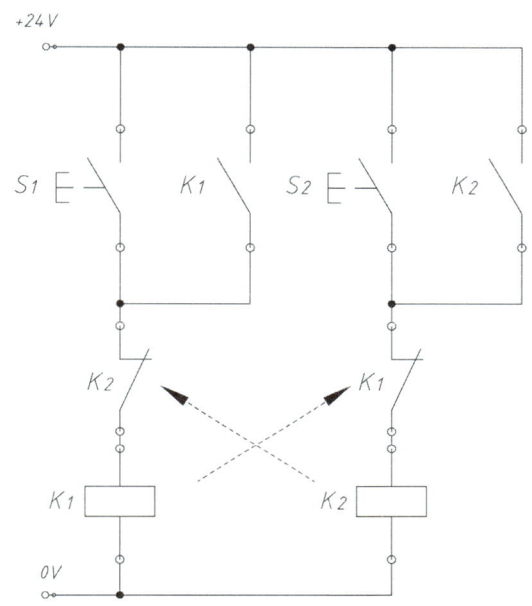

나. 병렬우선 회로

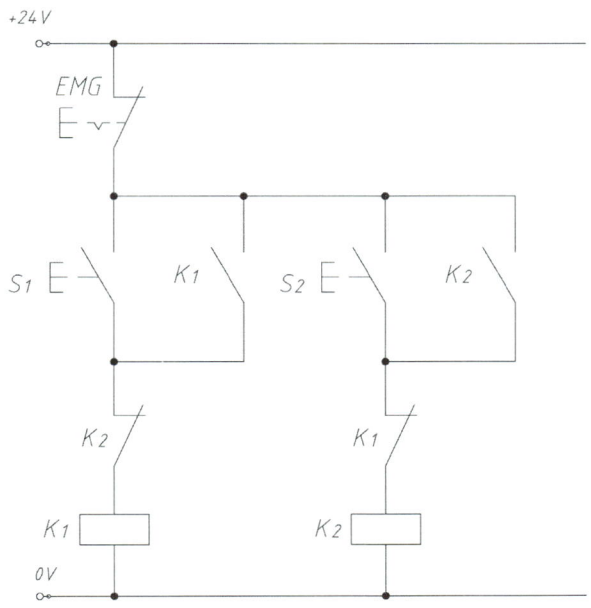

다. 직렬우선 회로

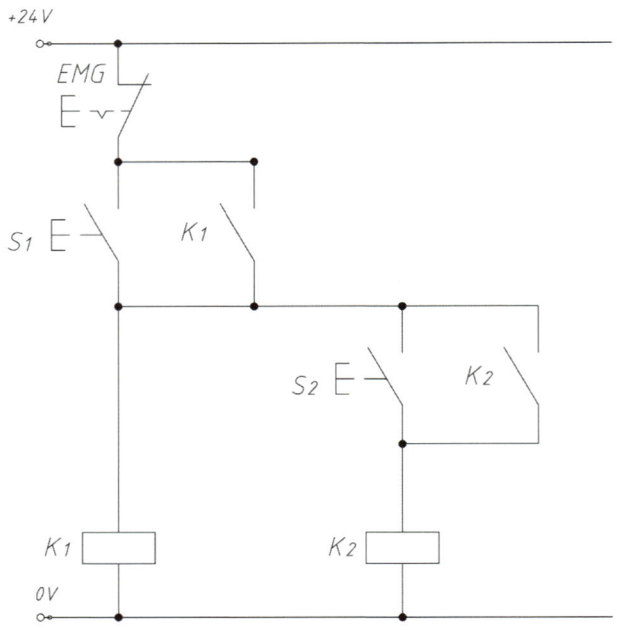

라. 선입력 우선 회로

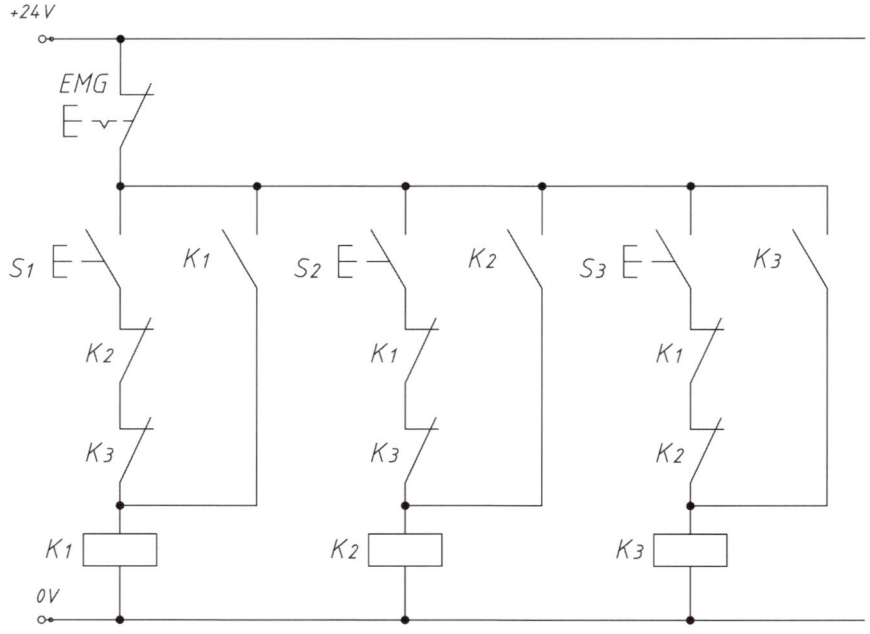

마. 후입력 우선 회로

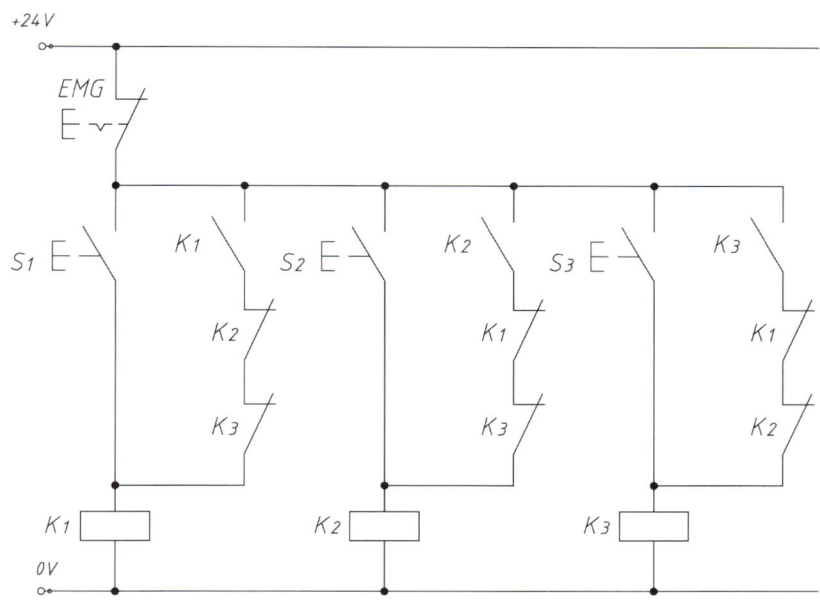

바. 연속 회로

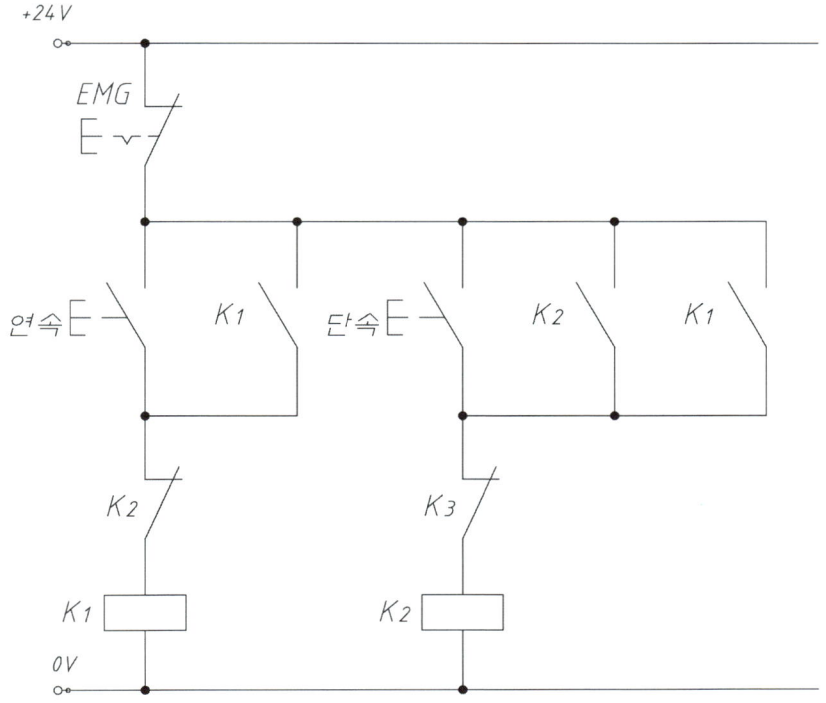

사. 카운터 회로

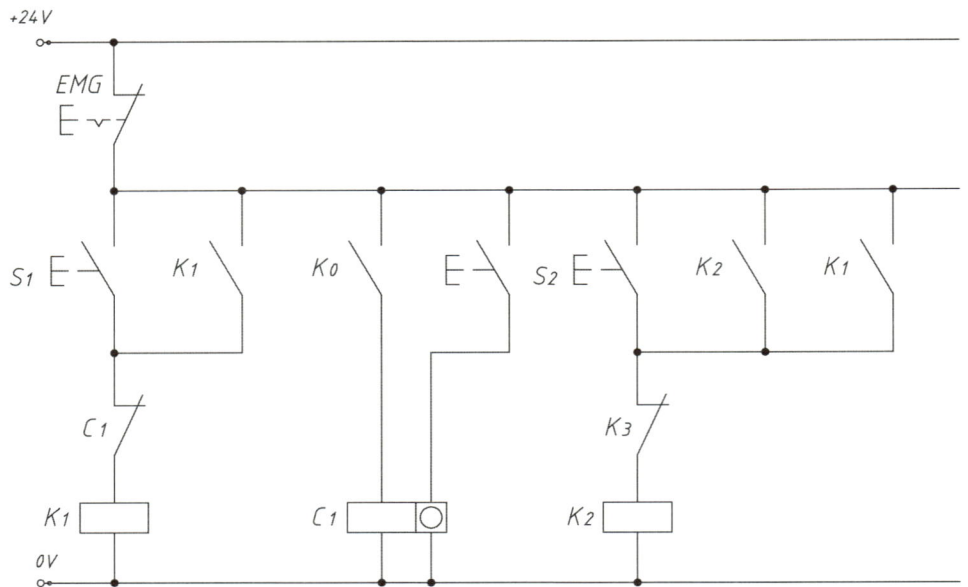

V. 공압 회로 구성

1. 회로의 배치

가. 공압 회로의 배치

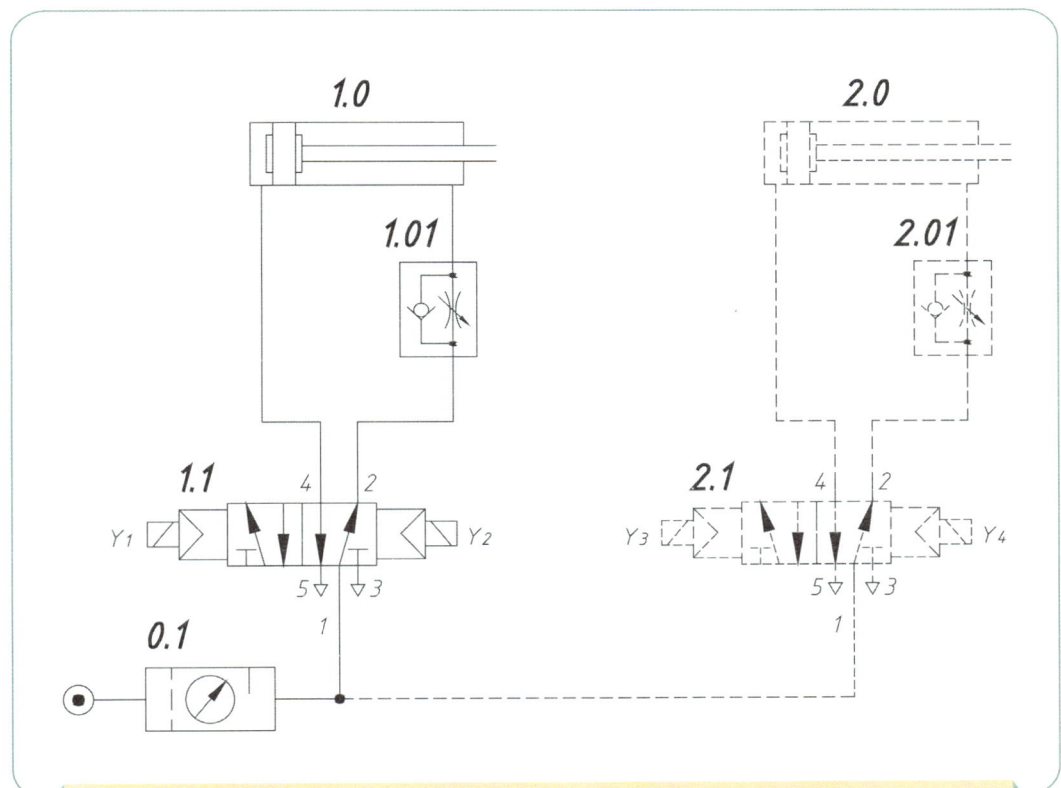

1) 공압 회로 요소 신호 흐름은 아래에서 위로 향하도록 배치한다.
2) 다음 기준에 의해 공압 회로 요소의 숫자 시스템이 결정된다.

0	공압 공급 요소
1.0, 2.0 등	작업 요소(액추에이터)
.1	최종 제어 요소
.01, .02 등	제어 요소와 작업 요소 사이의 공압 요소

나. 전기회로의 배치

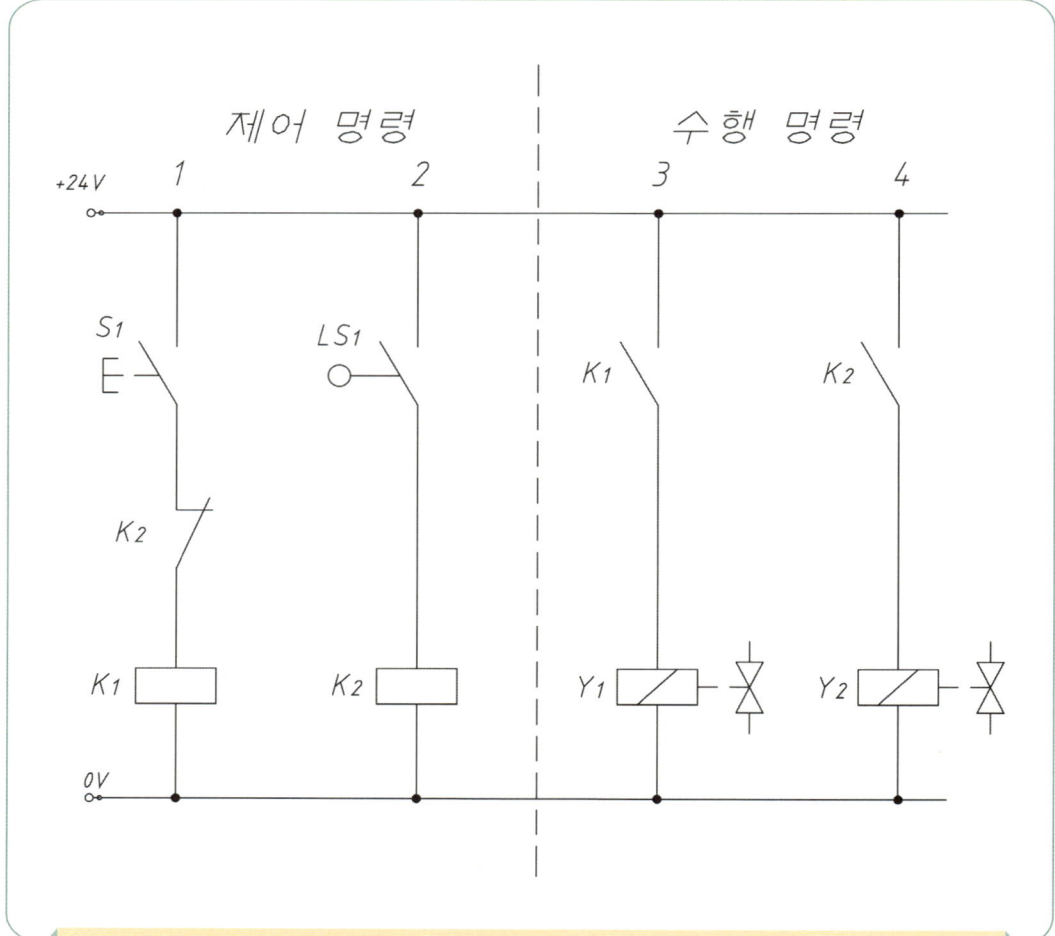

1) 전기회로 요소는 위에서 아래로, 신호 흐름에 따라 왼쪽에서 오른쪽으로 번호를 부여한다.
2) 시동 스위치와 정지 스위치 같은 주요 스위치는 따로 정의해 줄 수도 있다.

다. 신호의 흐름

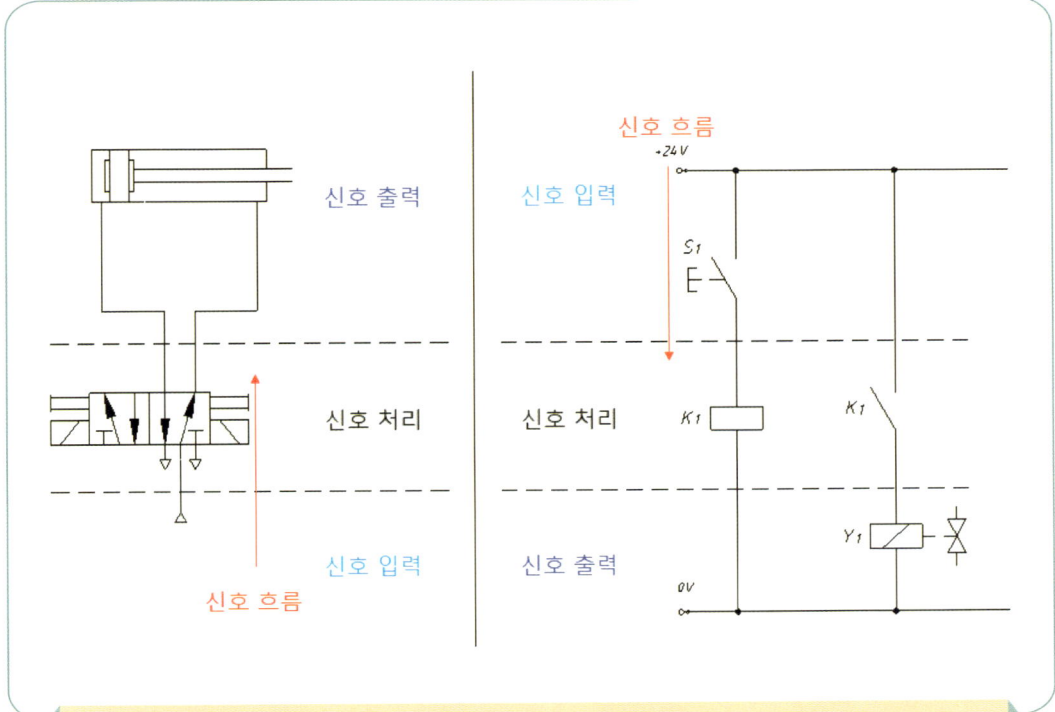

1) 공유압 회로에서 신호의 흐름은 아래에서 위로 흐른다.
2) 전기회로에서 신호의 흐름은 위에서 아래로, 좌측에서 우측으로의 순서이다.

② 회로 설계

가. 전기회로 설계

1) 위(+24V)와 아래(0V)에 제어 명령부와 수행 명령부 모선을 수평으로 그린다.
2) 제어 기기를 연결하는 접속선은 위와 아래의 모선 사이에 수직선으로 그린다.
3) 제어 기기는 전원이 투입되지 않은 상태의 접속 상태로 표현한다.
4) 제어 기기 등은 전기용 심벌 기호와 문자 기호를 사용한다.
5) 제어 기기의 심벌 기호를 동작의 순서에 따라 위에서 아래의 순서로 접속한다.
6) 모선 사이의 스텝별 접속선은 동작 순서에 따라 왼쪽에서 오른쪽 순서로 표시한다.

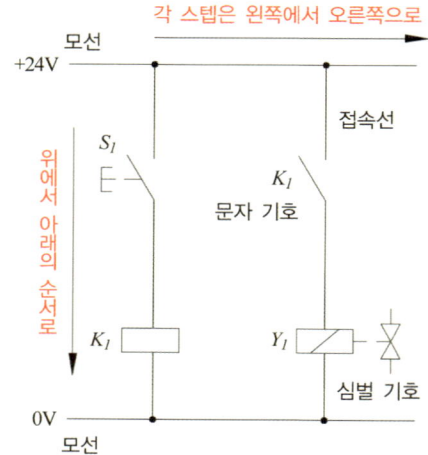

1) **개폐기나 스위치 접점의 상태 표시**

   가) 릴레이의 접점은 접점을 구동하는 코일이 자력을 잃은 상태를 표시한다.
   나) 수동 접점은 손을 떼었을 때의 상태를 표시한다.
   다) 그 밖의 접점은 정지 상태를 표시한다.
   라) 릴레이와 그 릴레이에 의해 동작하는 접점에 같은 기호 또는 번호를 붙인다.

나. 스테퍼 회로 설계

1) **그룹을 최대로 나눈다.**

   가) 복동 솔레노이드 밸브에 적용
   나) 단동 솔레노이드 밸브에 적용

2) 회로 변경 용이

가) 설비 개선에 따른 회로 변경
나) 공정 개선에 따른 회로 변경

3) 단동 솔레노이드 및 단동 · 복동 솔레노이드 사용 시

가) 캐스케이드 3원칙 미적용
나) 모두 공급되고 모두 차단(제어 명령부에서 수행 명령부는 해당 없음)
다) 최종 self holding 적용 범위에 따라 단동 솔레노이드와 복동 솔레노이드 적용 가능

- A-복동 솔레노이드 밸브
- B-복동 솔레노이드 밸브
- 변위단계 선도와 동작 회로도

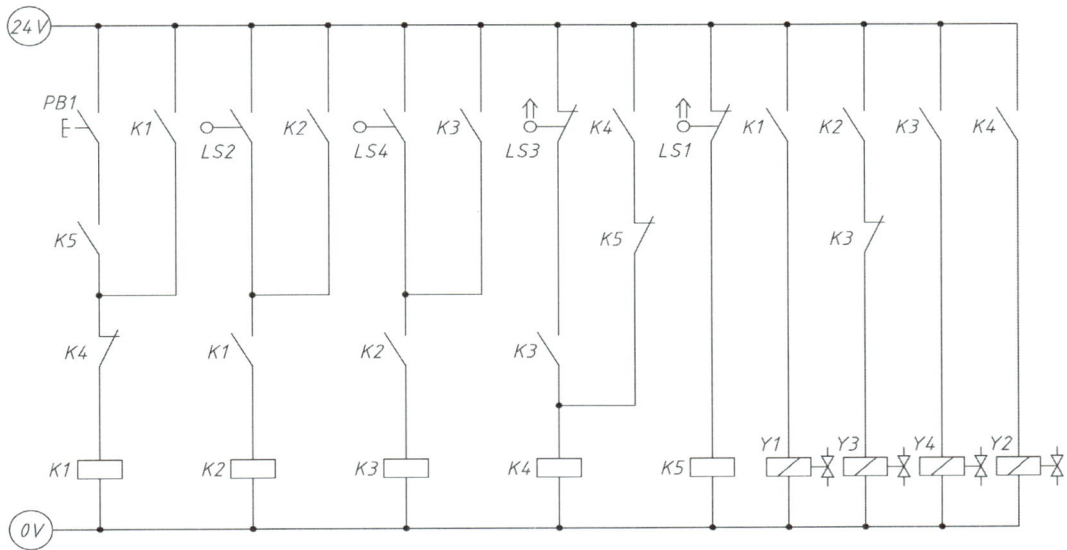

(1) Step 01

A+	B+	B-	A-	sequence
K1	K2	K3	K4	signal processor
LS2	LS4	LS3	LS1	check back signal

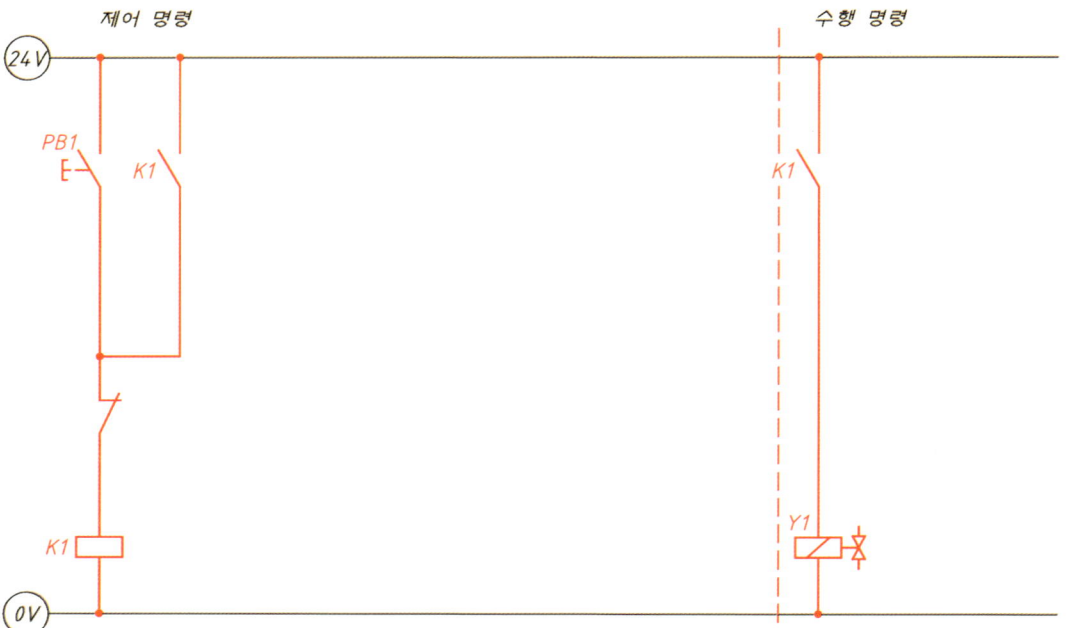

(2) Step 02

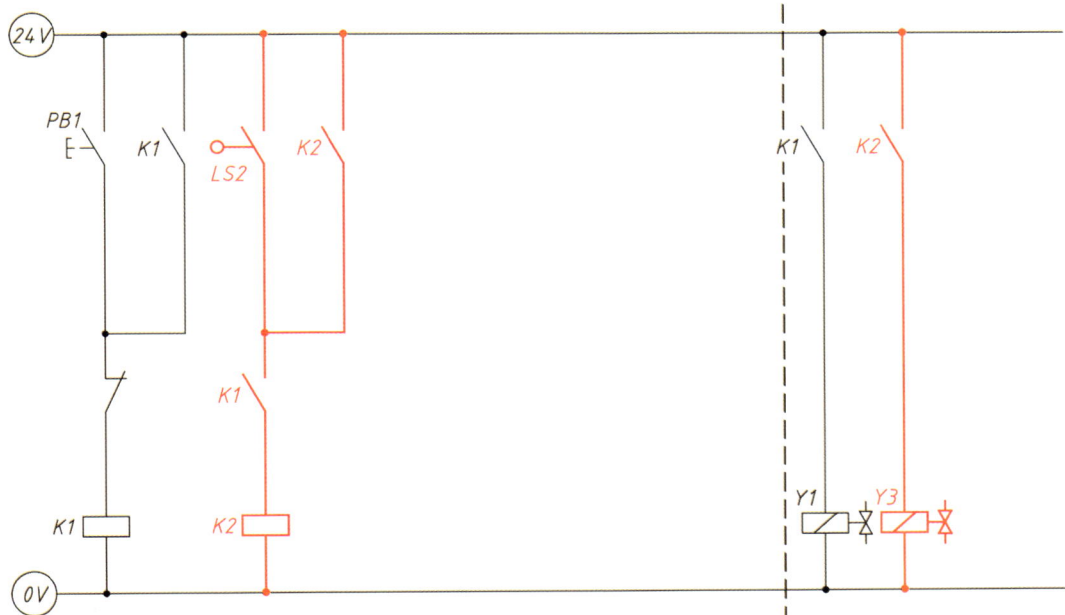

(3) Step 03

A+	B+	B-	A-	sequence
K1	K2	K3	K4	signal processor
LS2	LS4	LS3	LS1	check back signal

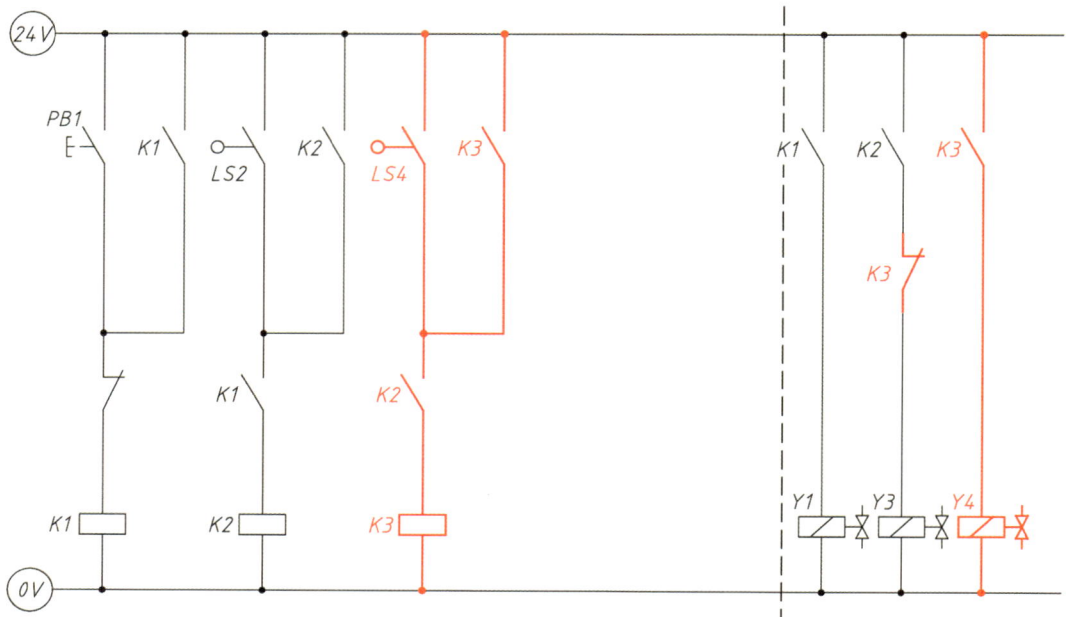

(4) Step 04

A+	B+	B-	A-	sequence
K1	K2	K3	K4	signal processor
LS2	LS4	LS3	LS1	check back signal

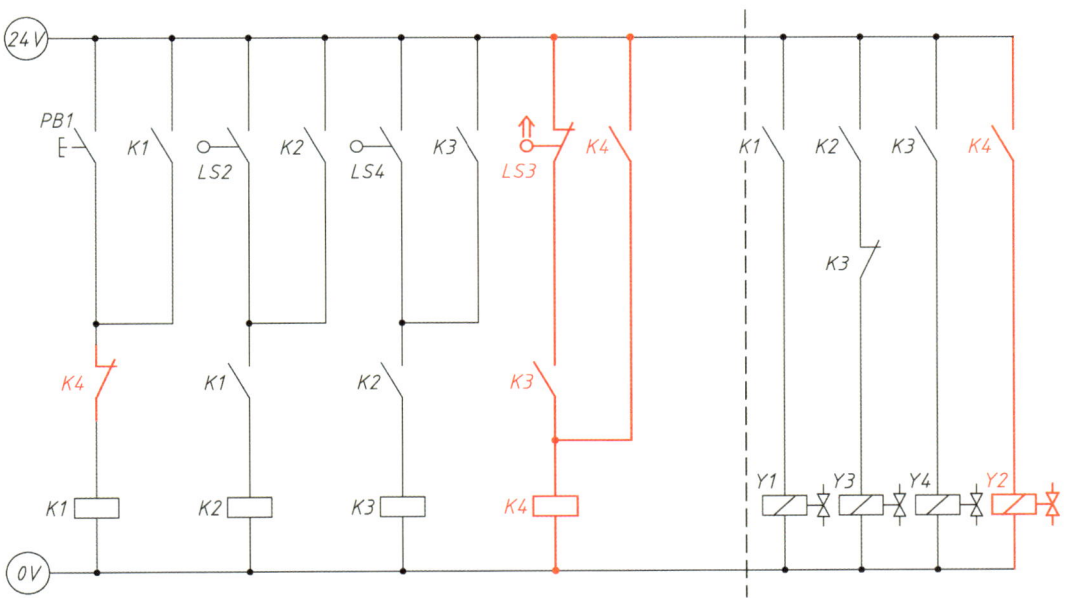

(5) Step 05

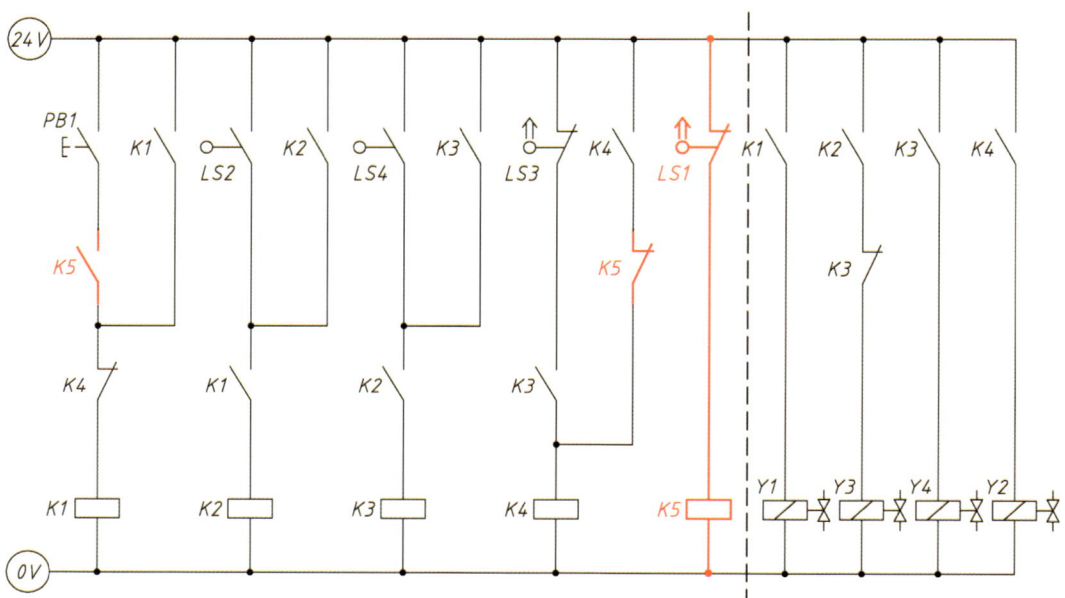

- A-단동 솔레노이드 밸브
- B-복동 솔레노이드 밸브
- 변위단계 선도와 동작 회로도

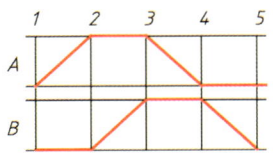

A+	B+	B-	A-	sequence
K1	K2	K3	K4	signal processor
LS2	LS4	LS1	LS3	check back signal

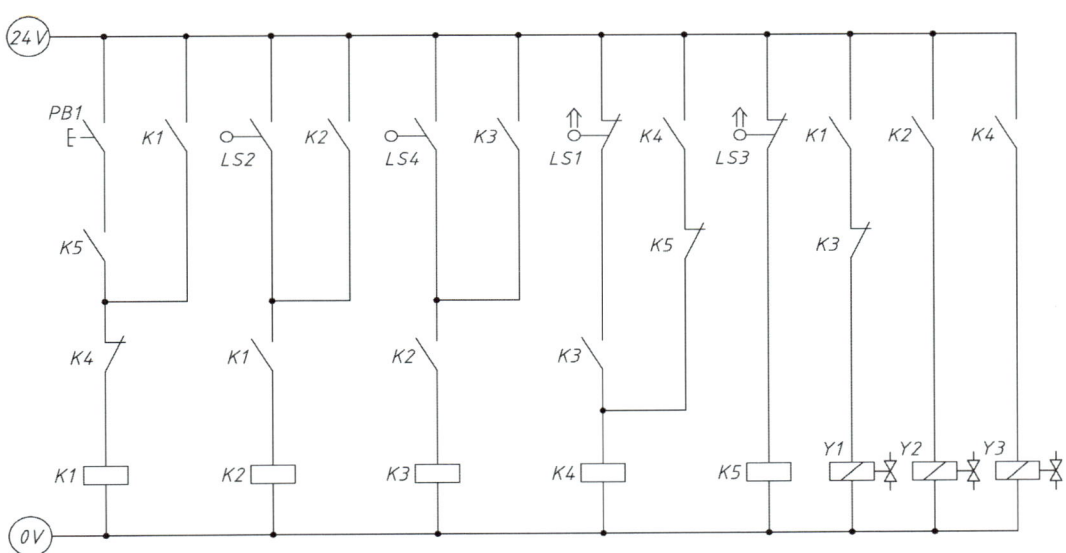

(1) Step 01

A+	B+	A-	B-	sequence
K1	K2	K3	K4	signal processor
LS2	LS4	LS1	LS3	check back signal

(2) Step 02

A+	B+	A-	B-	sequence
K1	K2	K3	K4	signal processor
LS2	LS4	LS1	LS3	check back signal

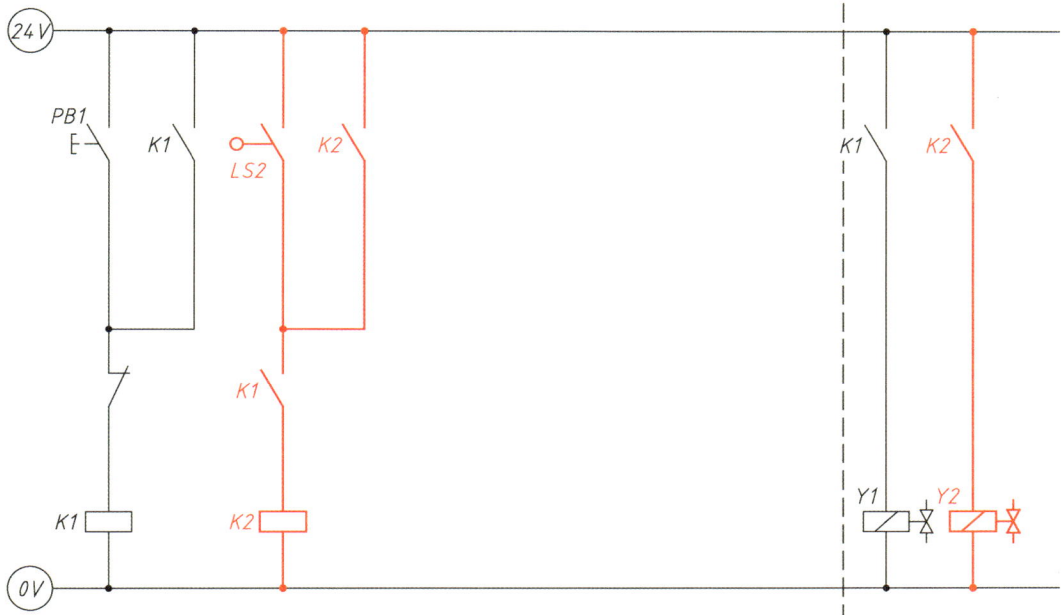

(3) Step 03

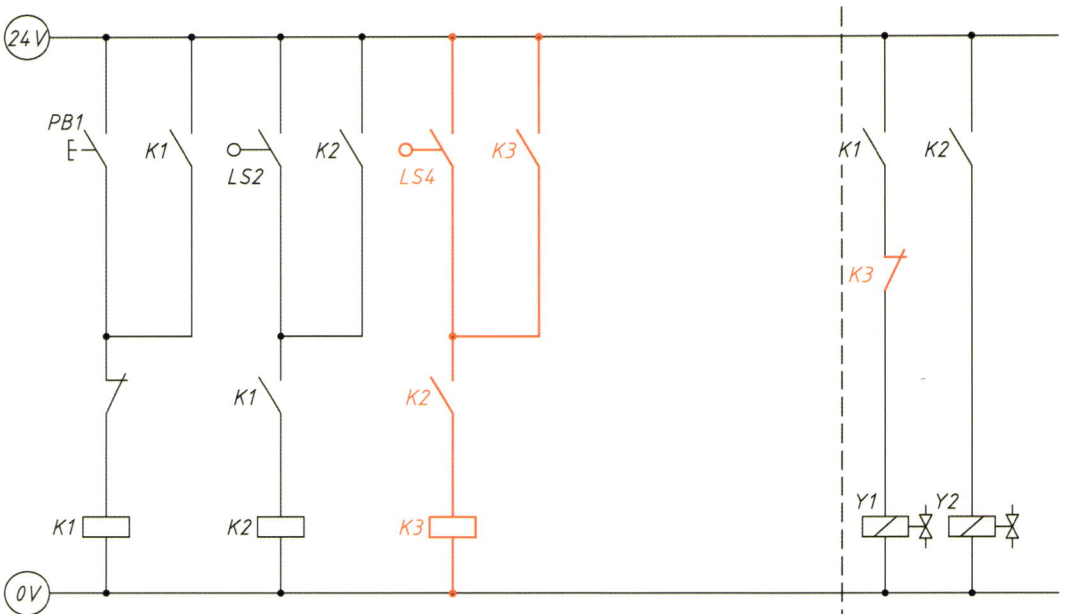

(4) Step 04

A+	B+	A-	B-	sequence
K1	K2	K3	K4	signal processor
LS2	LS4	LS1	LS3	check back signal

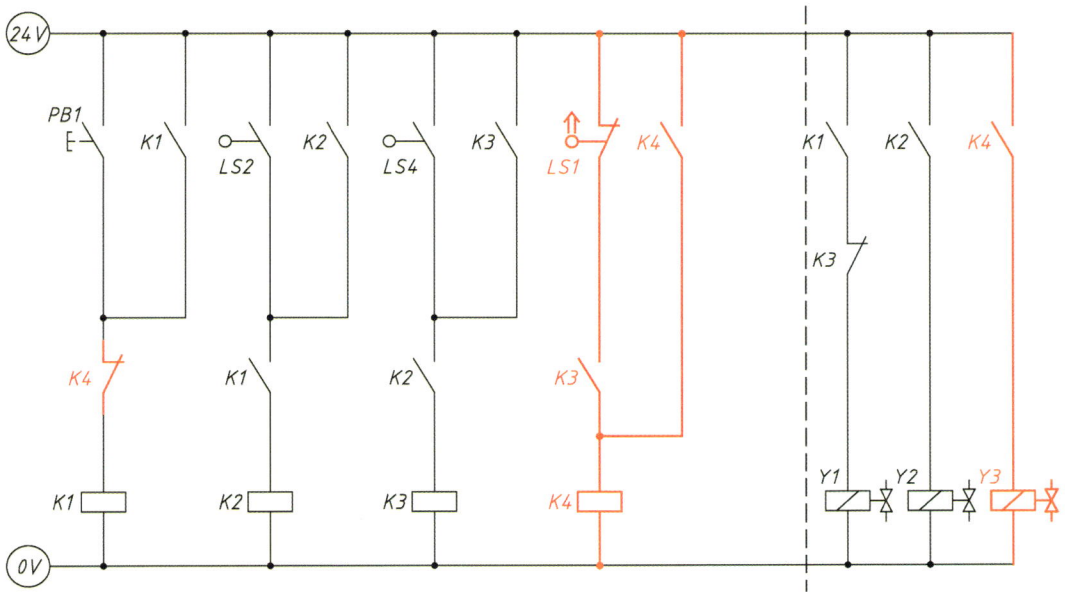

(5) Step 05

A+	B+	A-	B-	sequence
K1	K2	K3	K4	signal processor
LS2	LS4	LS1	LS3	check back signal

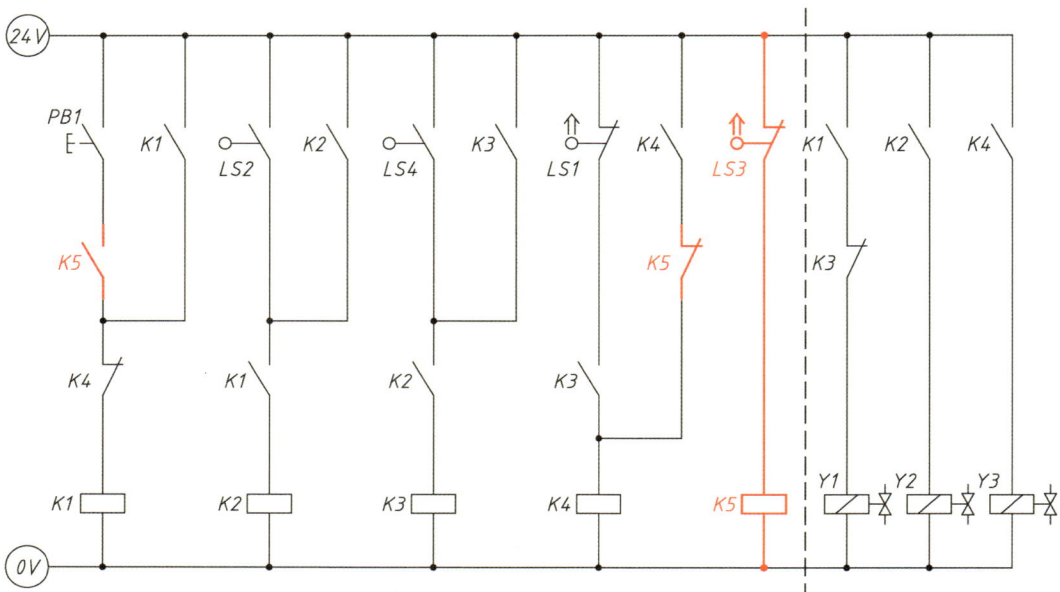

- A-단동 솔레노이드 밸브
- B-단동 솔레노이드 밸브
- 변위단계 선도와 동작 회로도

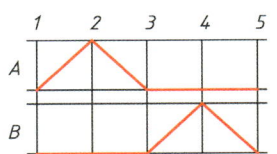

A+	A-	B+	B-	sequence
K1	K2	K3	K4	signal processor
LS2	LS1	LS4	LS3	check back signal

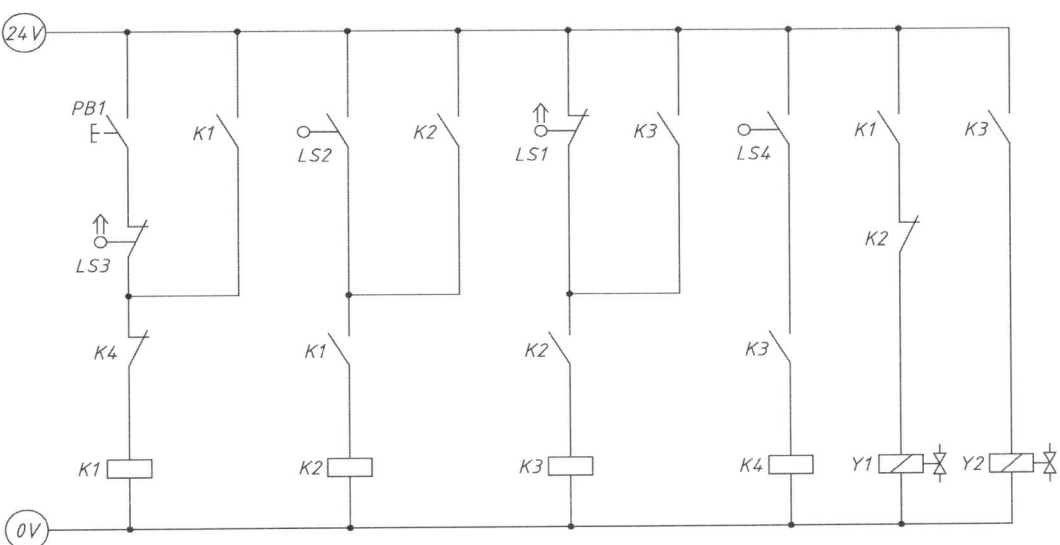

(1) Step 01

A+	A-	B+	B-	sequence
K1	K2	K3	K4	signal processor
LS2	LS1	LS4	LS3	check back signal

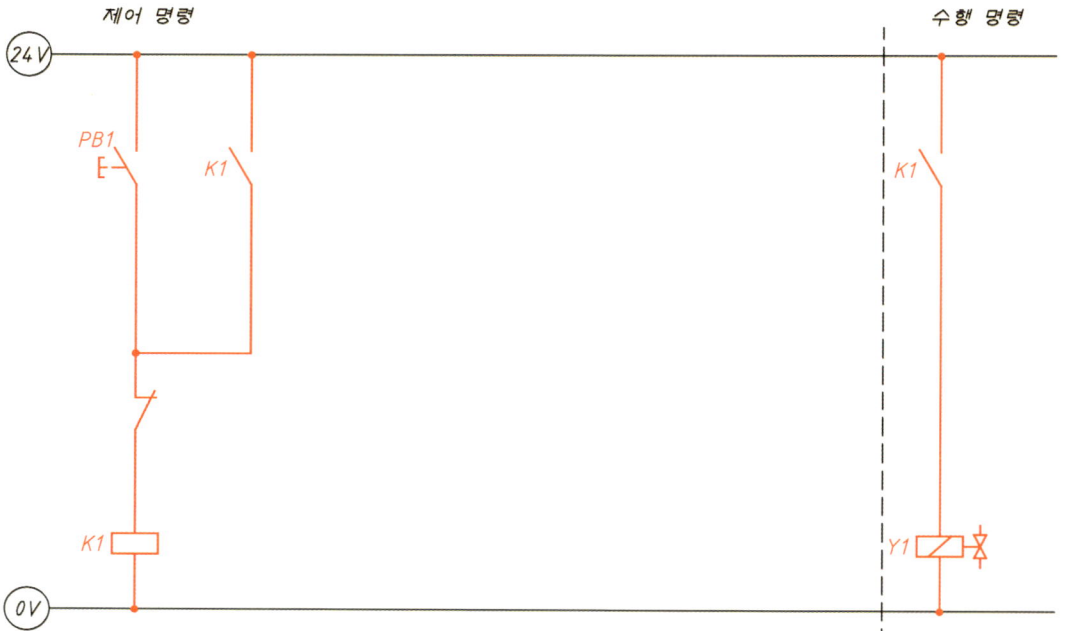

(2) Step 02

A+	A-	B+	B-	sequence
K1	K2	K3	K4	signal processor
LS2	LS1	LS4	LS3	check back signal

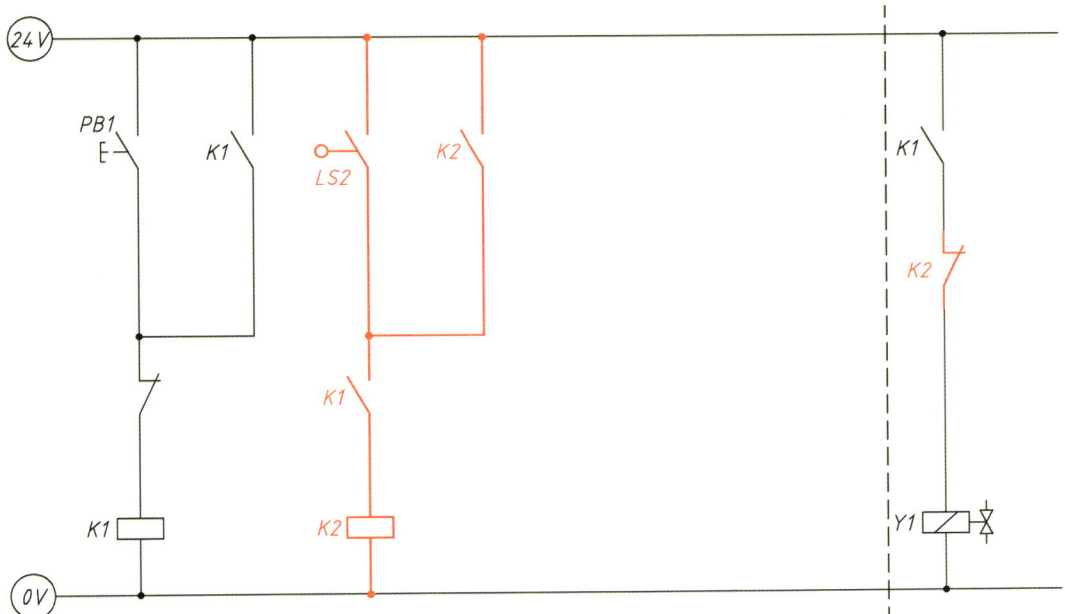

(3) Step 03

A+	A−	B+	B−	sequence
K1	K2	K3	K4	signal processor
LS2	LS1	LS4	LS3	check back signal

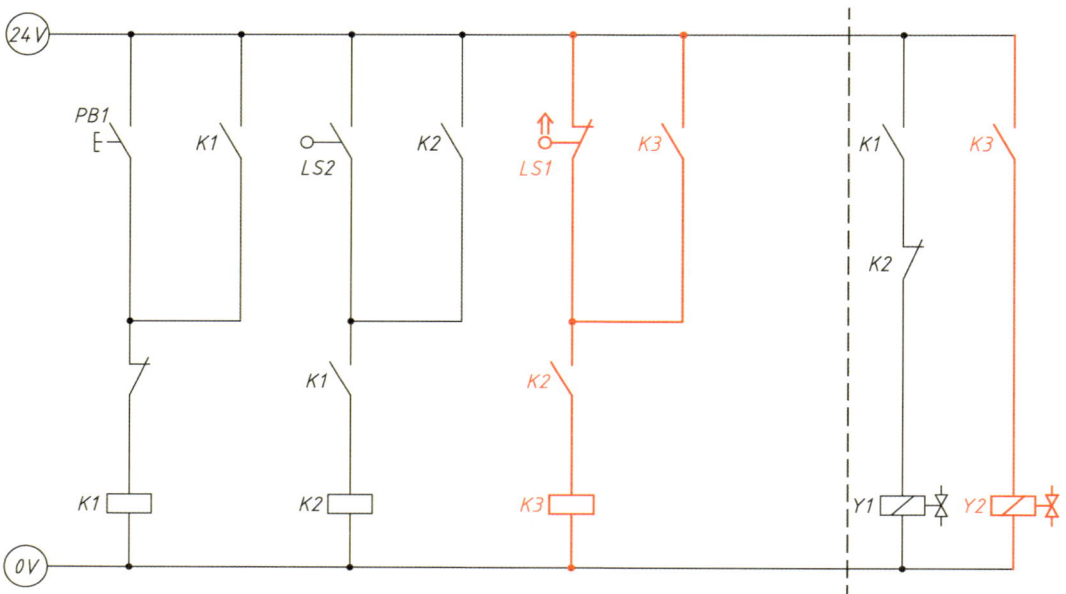

(4) Step 04

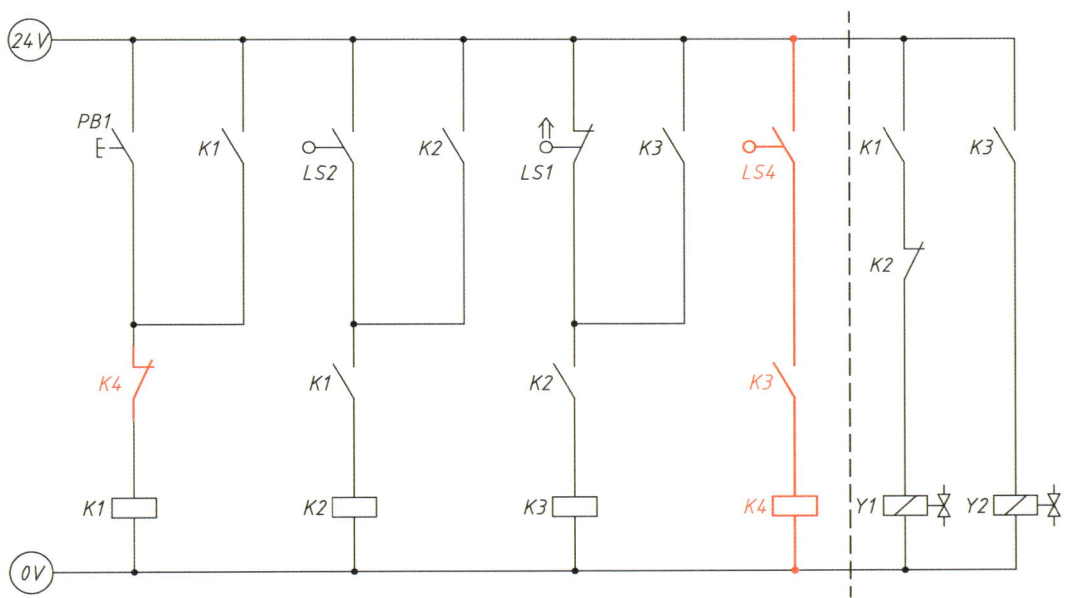

(5) Step 05

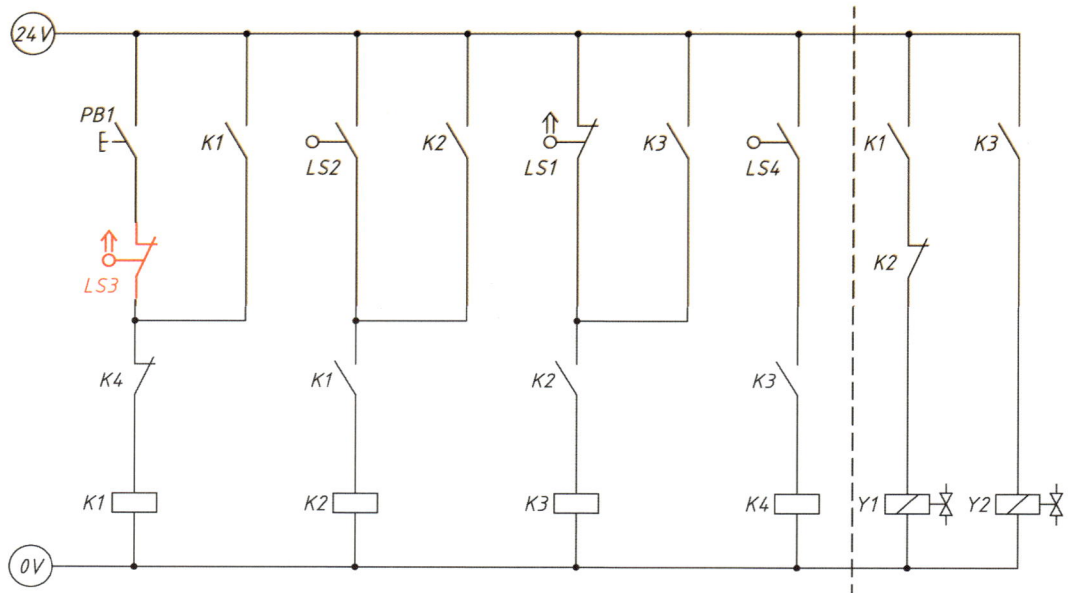

- A-단동 솔레노이드 밸브
- B-단동 솔레노이드 밸브
- 변위단계 선도와 동작 회로도

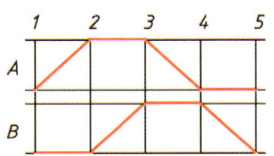

A+	B+	A-	B-	sequence
K1	K2	K3	K4	signal processor
LS2	LS4	LS1	LS3	check back signal

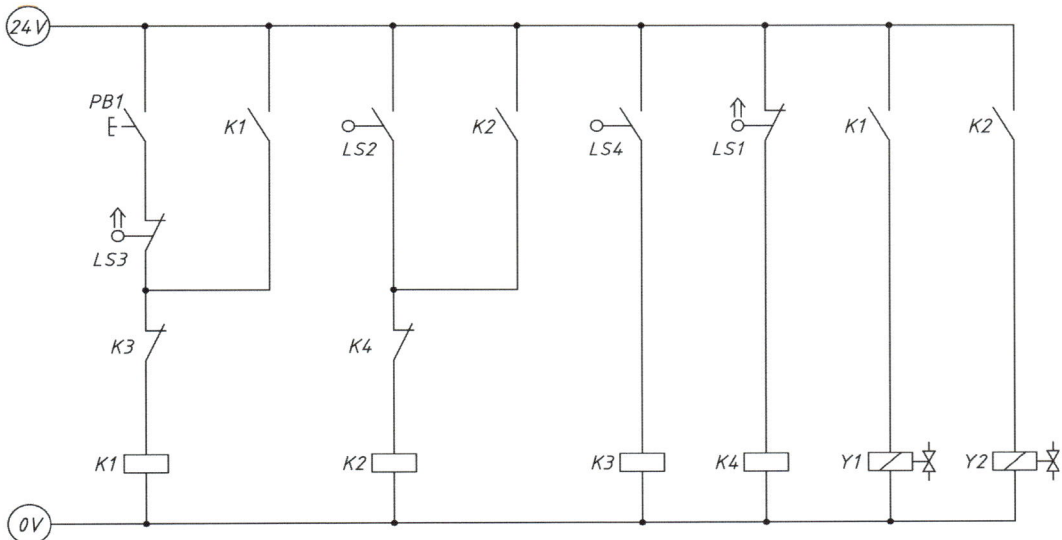

(1) Step 01

A+	B+	A-	B-	sequence
K1	K2	K3	K4	signal processor
LS2	LS4	LS1	LS3	check back signal

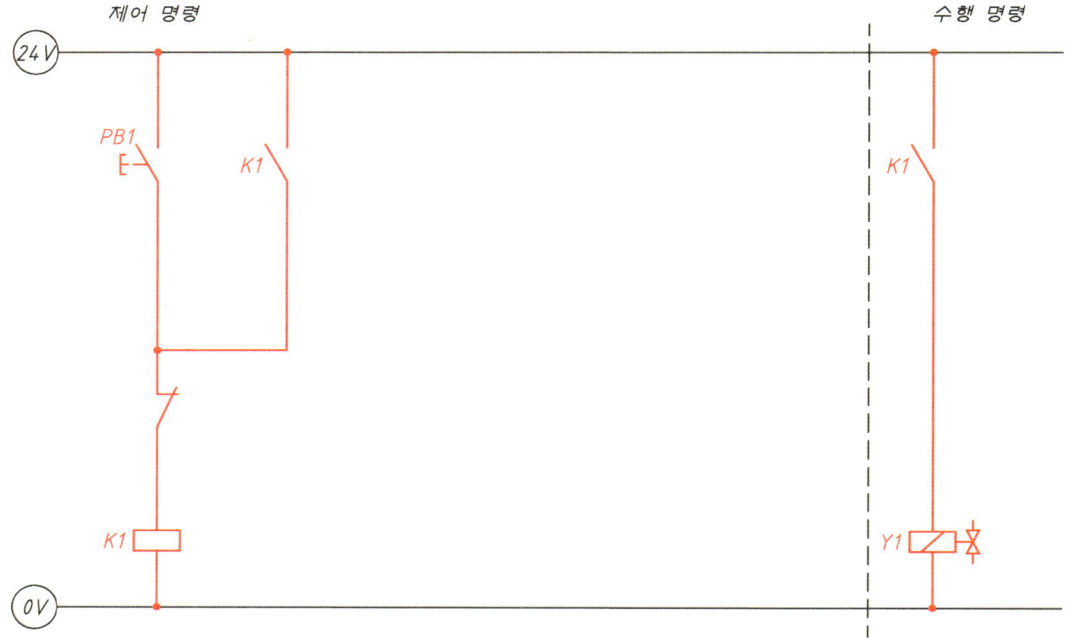

(2) Step 02

A+	B+	A−	B−	sequence
K1	K2	K3	K4	signal processor
LS2	LS4	LS1	LS3	check back signal

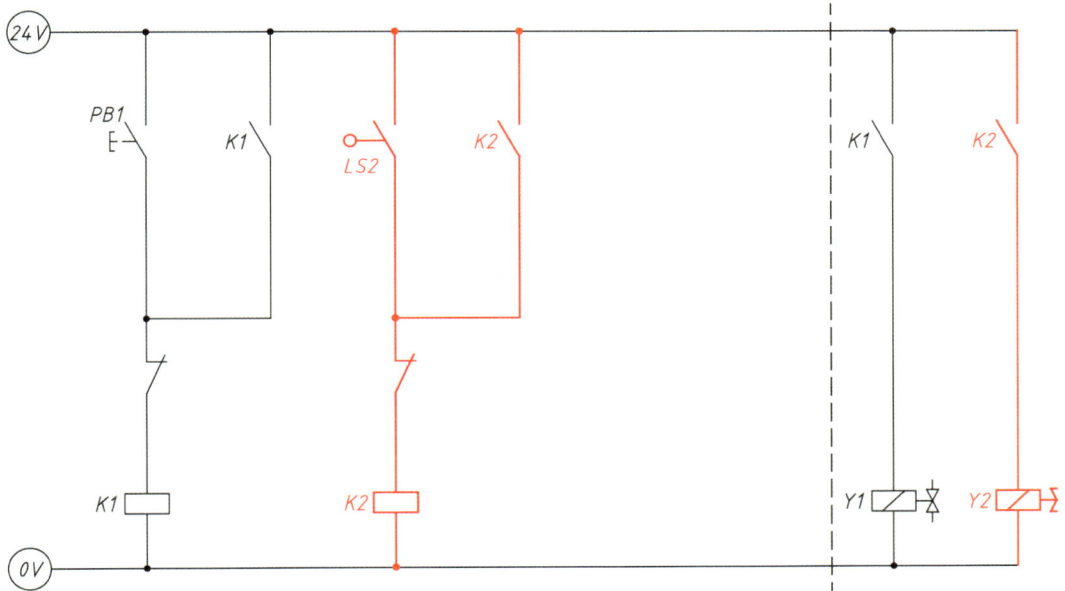

(3) Step 03

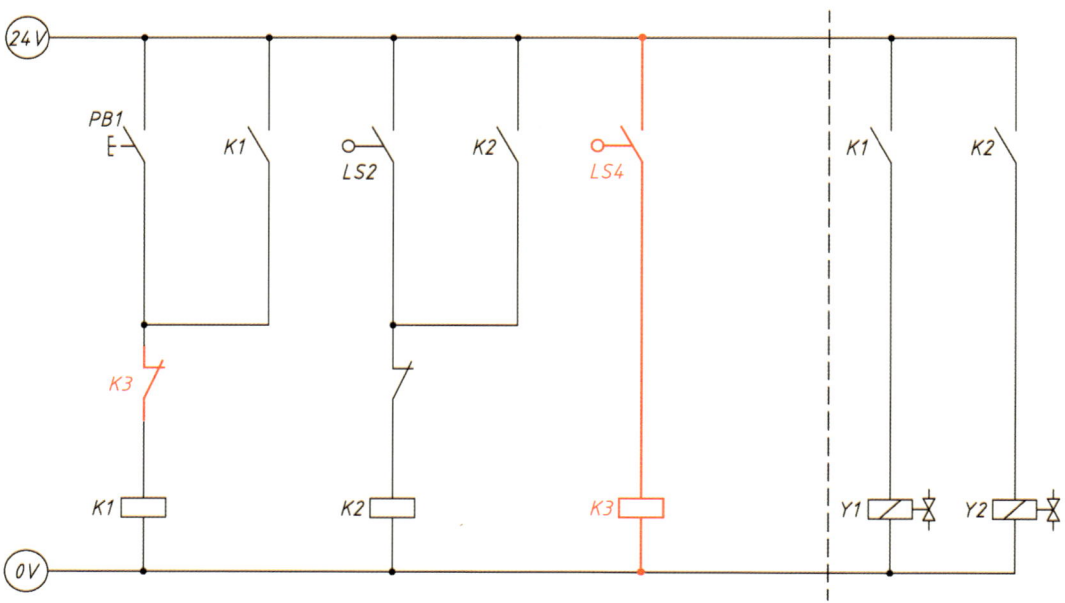

(4) Step 04

A+	B+	A-	B-	sequence
K1	K2	K3	K4	signal processor
LS2	LS4	LS1	LS3	check back signal

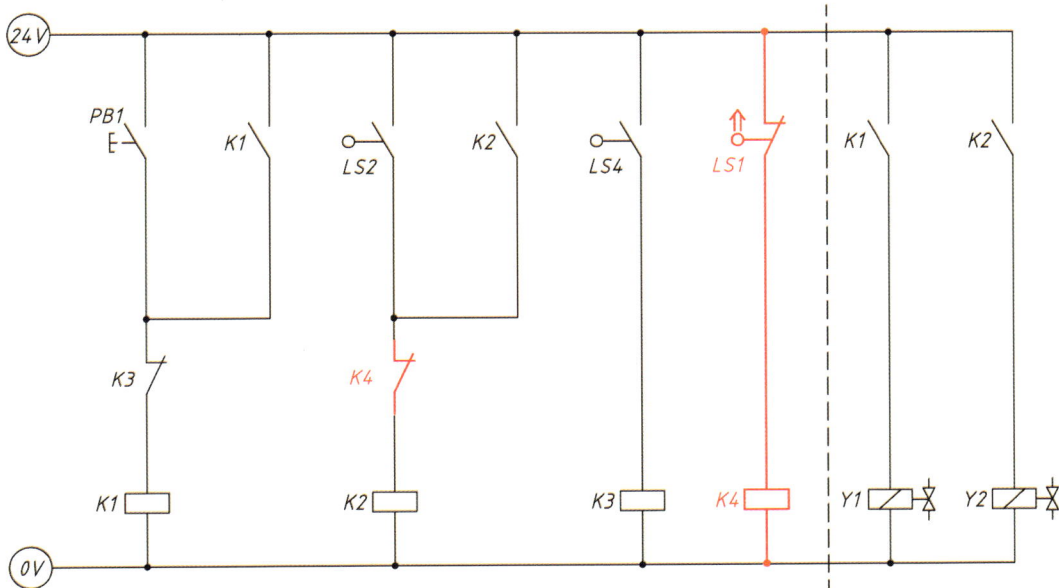

(5) Step 05

A+	B+	A-	B-	sequence
K1	K2	K3	K4	signal processor
LS2	LS4	LS1	LS3	check back signal

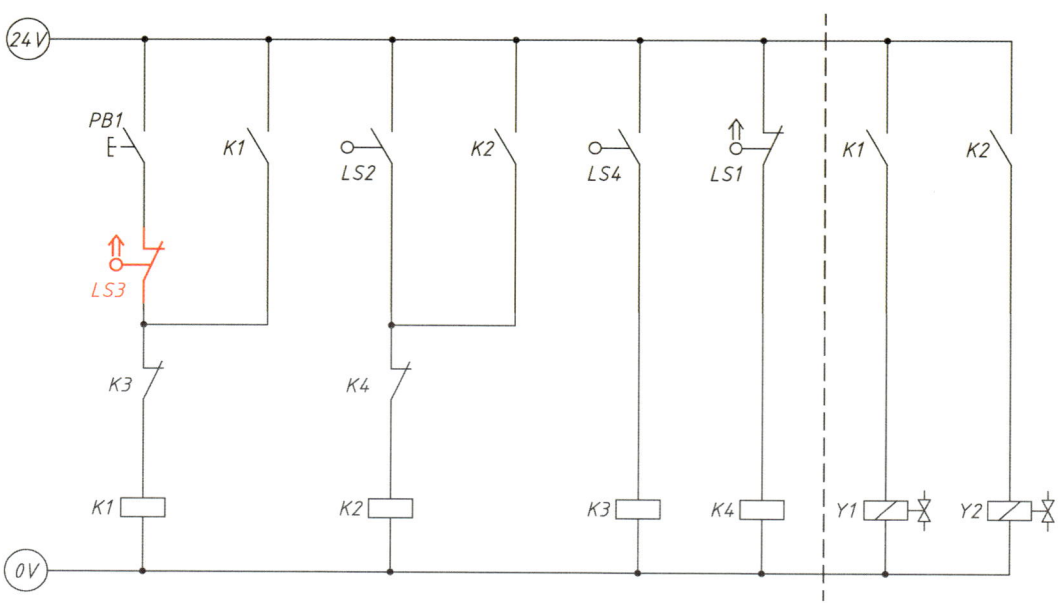

- A-단동 솔레노이드 밸브
- B-복동 솔레노이드 밸브
- 변위단계 선도와 동작 회로도

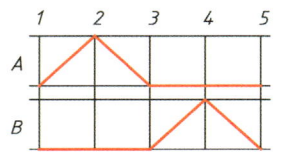

A+	A-	B+	B-	sequence
K1	K2	K3	K4	signal processor
LS2	LS1	LS4	LS3	check back signal

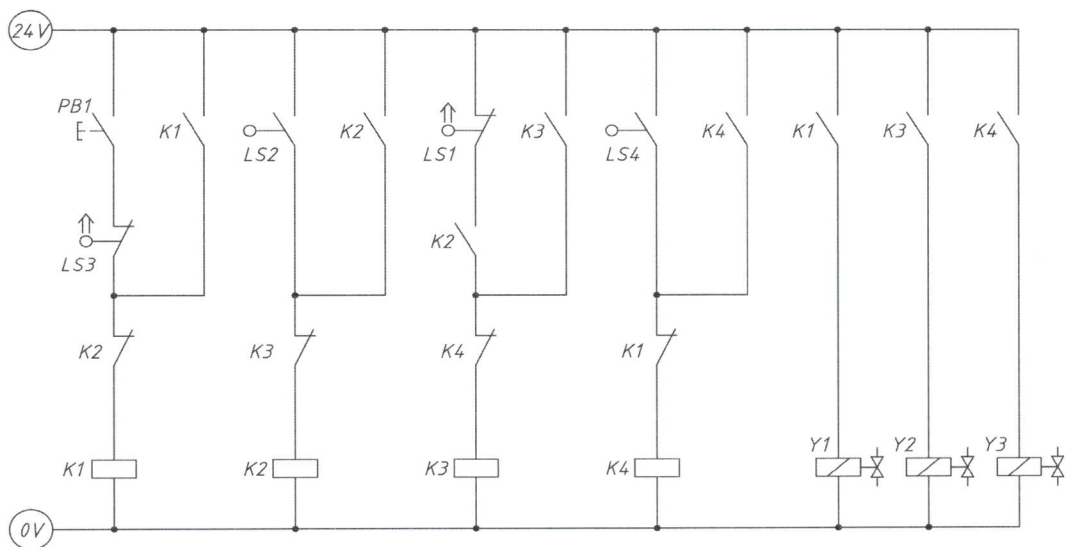

(1) Step 01

A+	A-	B+	B-	sequence
K1	K2	K3	K4	signal processor
LS2	LS1	LS4	LS3	check back signal

(2) Step 02

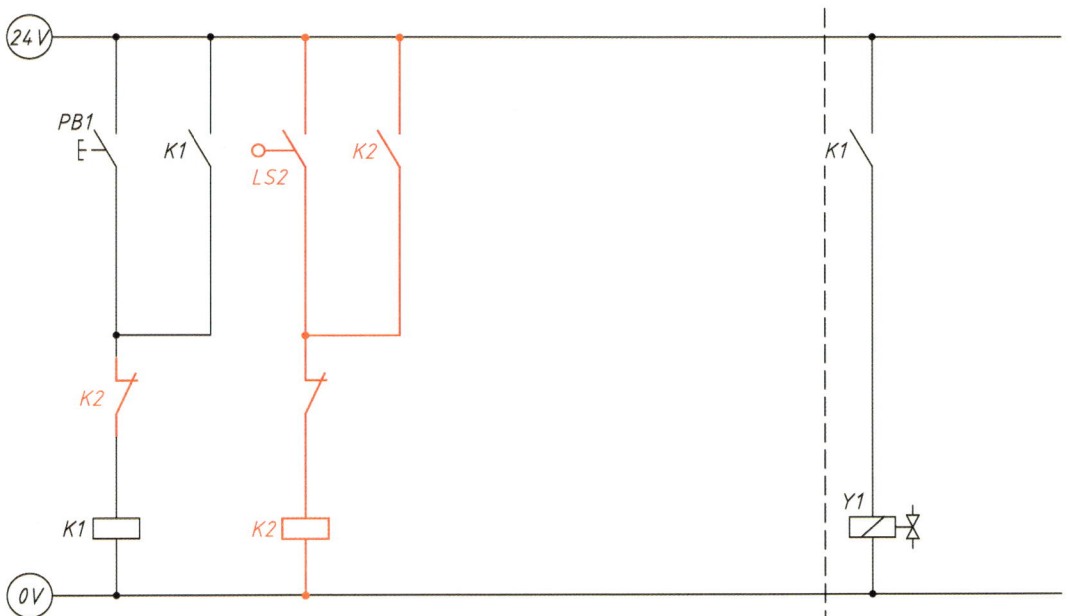

(3) Step 03

A+	A-	B+	B-	sequence
K1	K2	K3	K4	signal processor
LS2	LS1	LS4	LS3	check back signal

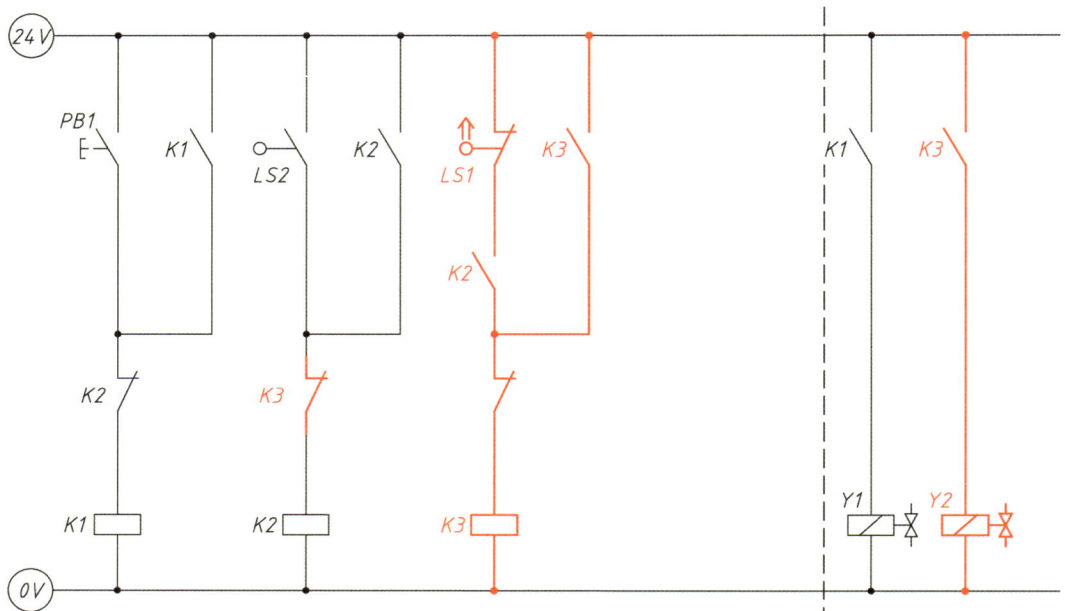

(4) Step 04

A+	A-	B+	B-	sequence
K1	K2	K3	K4	signal processor
LS2	LS1	LS4	LS3	check back signal

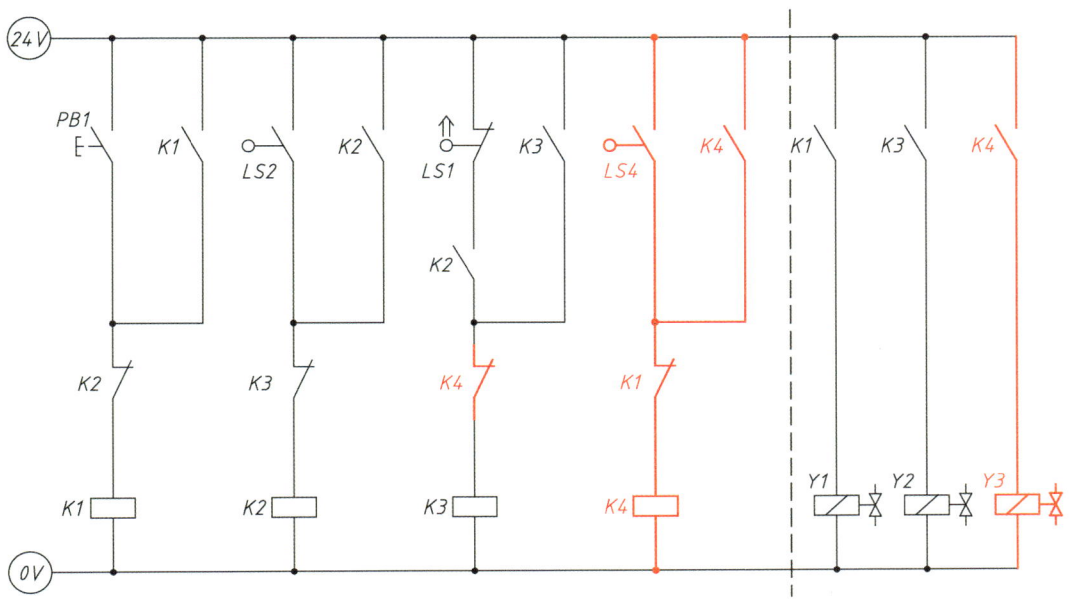

(5) Step 05

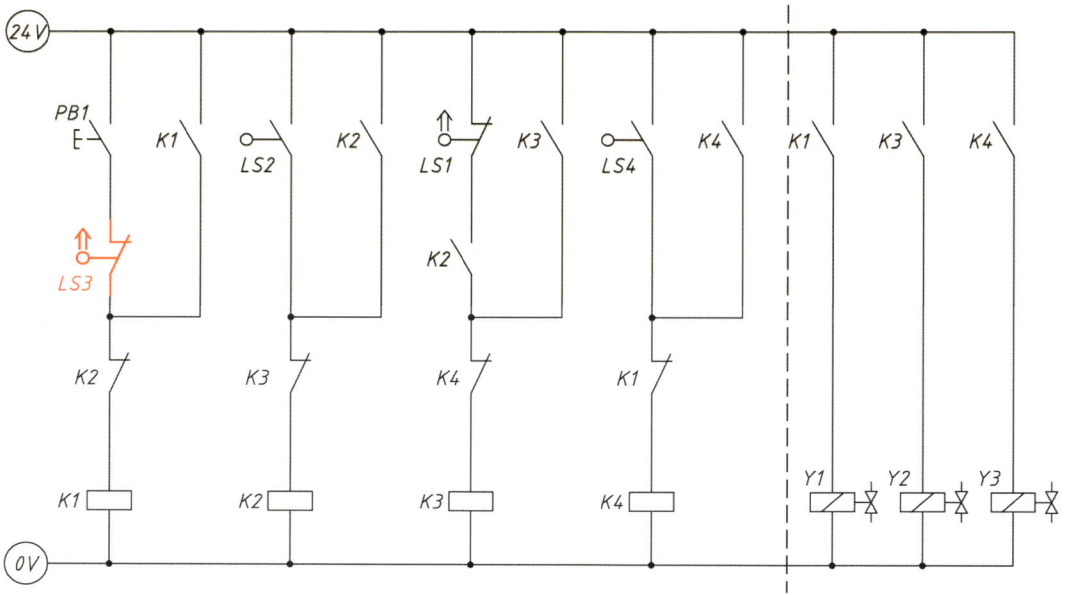

다. 캐스케이드 회로 설계

1) 그룹을 최소로 나눈다.

가) 간섭이 생기지 않도록 구분
나) 앞 그룹의 동작과 상반되는 동작이 일어나는 곳에서 나눈다.

2) 그룹의 개수만큼 제어 릴레이가 필요

가) signal group이 2개일 때는 제어 릴레이는 1개만 사용
나) signal group이 3개 이상일 경우 동수의 릴레이 필요

3) 복동 솔레노이드 밸브 이용 시 적용

가) 동작이 연이어서 전·후진되면 단동 솔레노이드 밸브에 적용 가능

4) 융통성이 없다.

5) 3원칙

가) 한 동작에 1개의 릴레이만 ON 되어야 한다.
나) 차례대로 순서를 지키며 릴레이가 ON 되어야 한다.
다) 마지막 릴레이는 최초에 ON 되어야 한다.

6) 회로 작성법

가) 각 그룹의 첫 작업은 power line에서 직접 전기를 공급받는다.
나) 각 그룹의 다음 작업은 power line에서 전기를 받아 check back signal을 거쳐 동작한다.
다) 각 그룹의 마지막 check back line signal은 그룹 전환 요소이다.

- A-복동 솔레노이드 밸브
- B-복동 솔레노이드 밸브
- 변위단계 선도와 동작 회로도

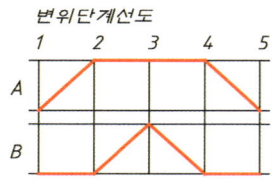

A+	B+	B-	A-	sequence
I		II		group
LS2	LS4	LS3	LS1	check back signal

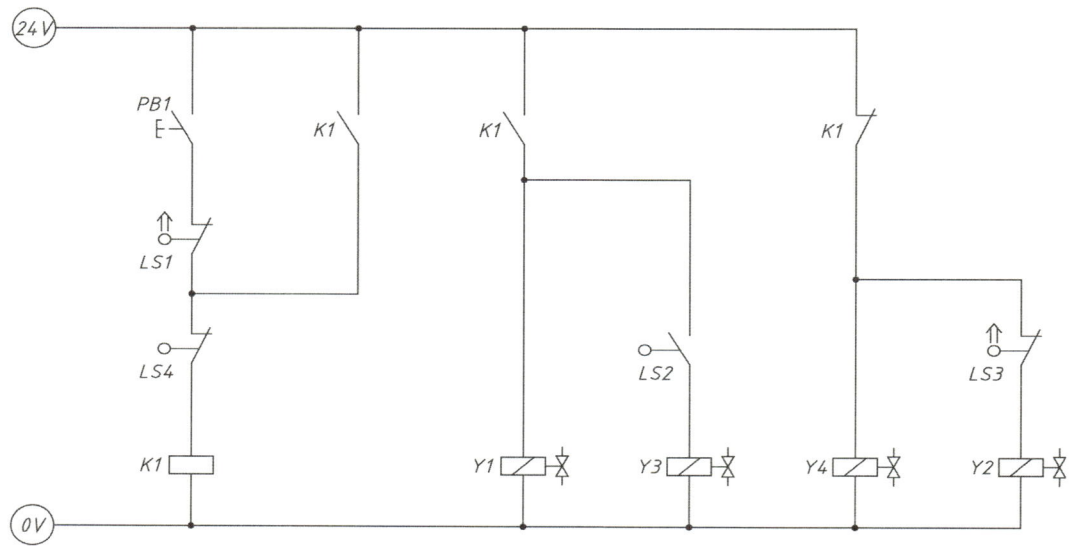

(1) Step 01

A+	B+	B-	A-	sequence
I		II		group
LS2	LS4	LS3	LS1	check back signal

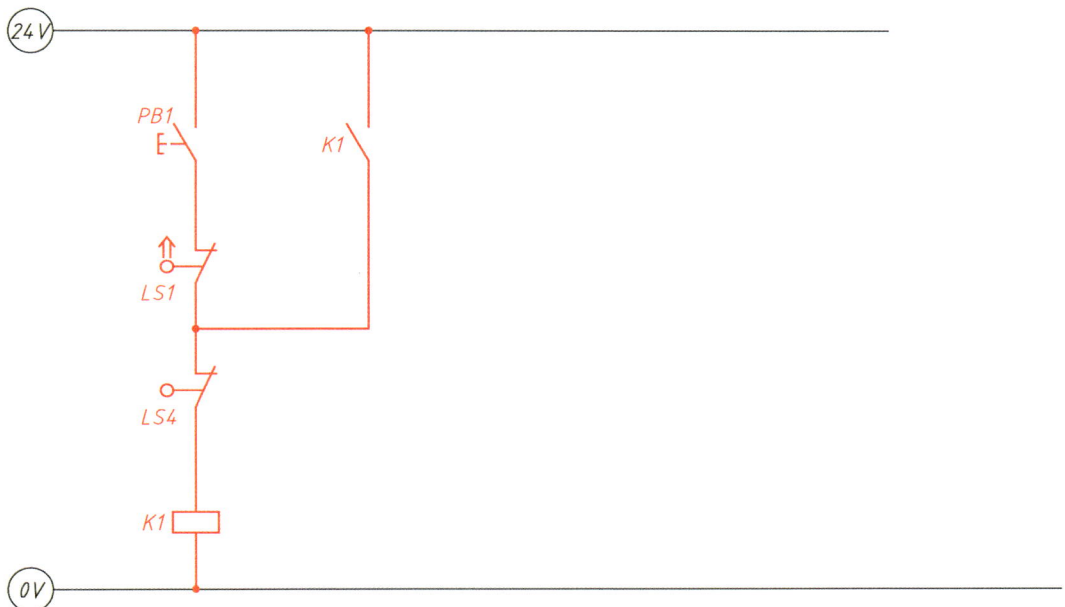

(2) Step 02

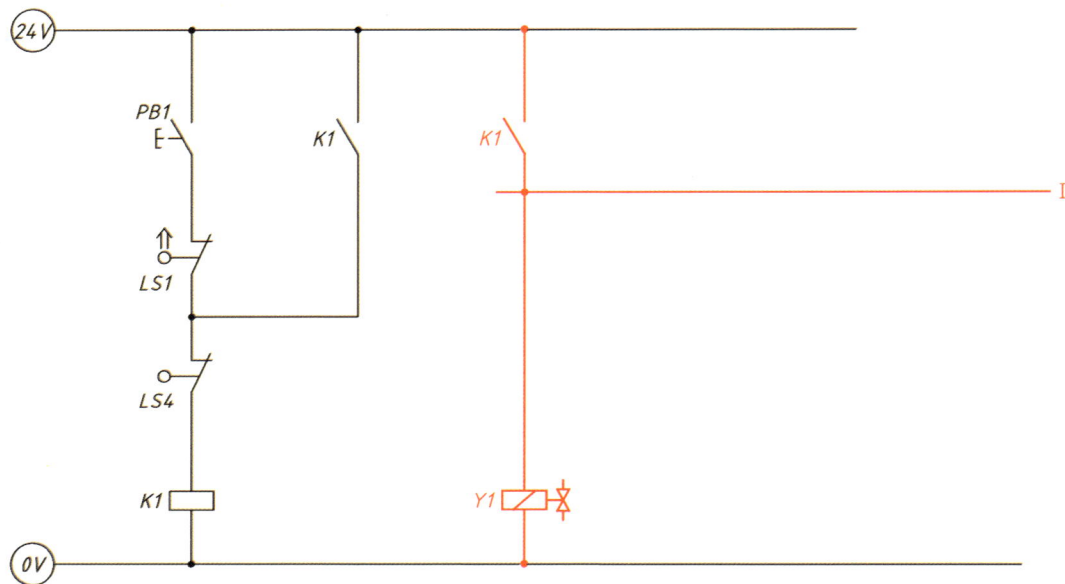

(3) Step 03

A+	B+	B-	A-	sequence
I		II		group
LS2	LS4	LS3	LS1	check back signal

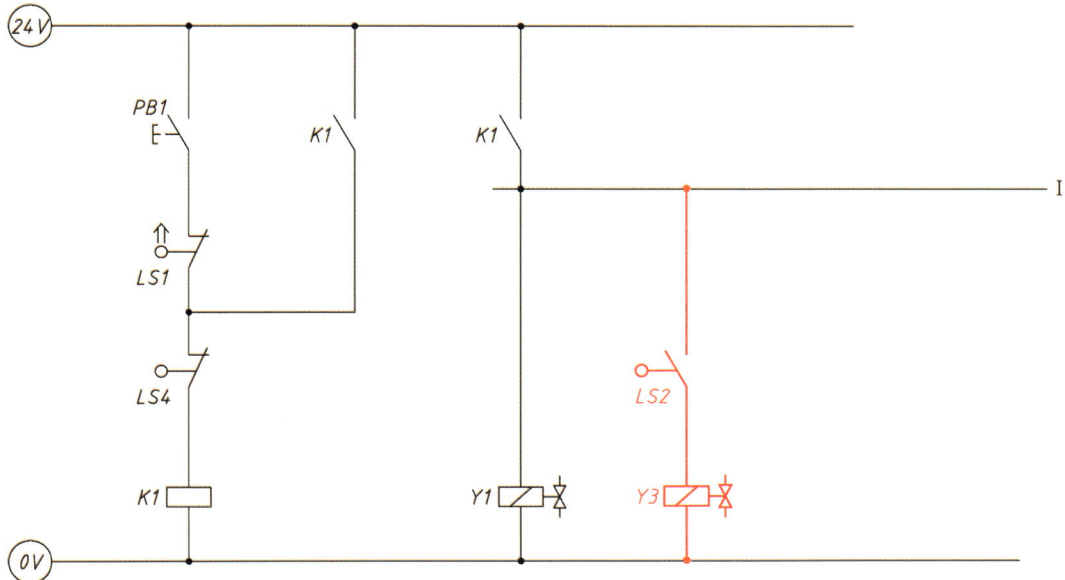

(4) Step 04

A+	B+	B-	A-	sequence
I		II		group
LS2	LS4	LS3	LS1	check back signal

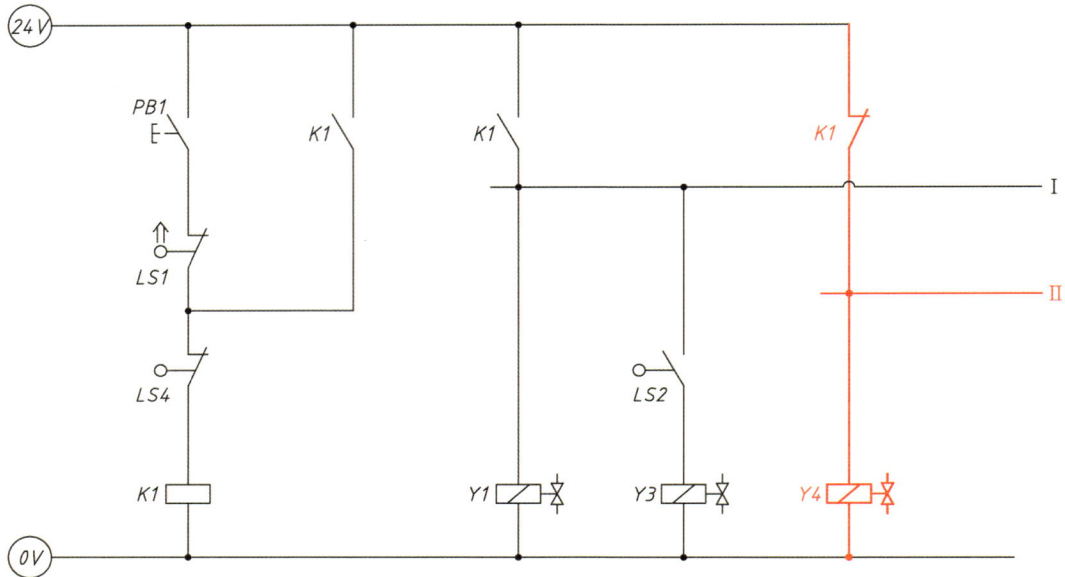

(5) Step 05

A+	B+	B-	A-	sequence
I		II		group
LS2	LS4	LS3	LS1	check back signal

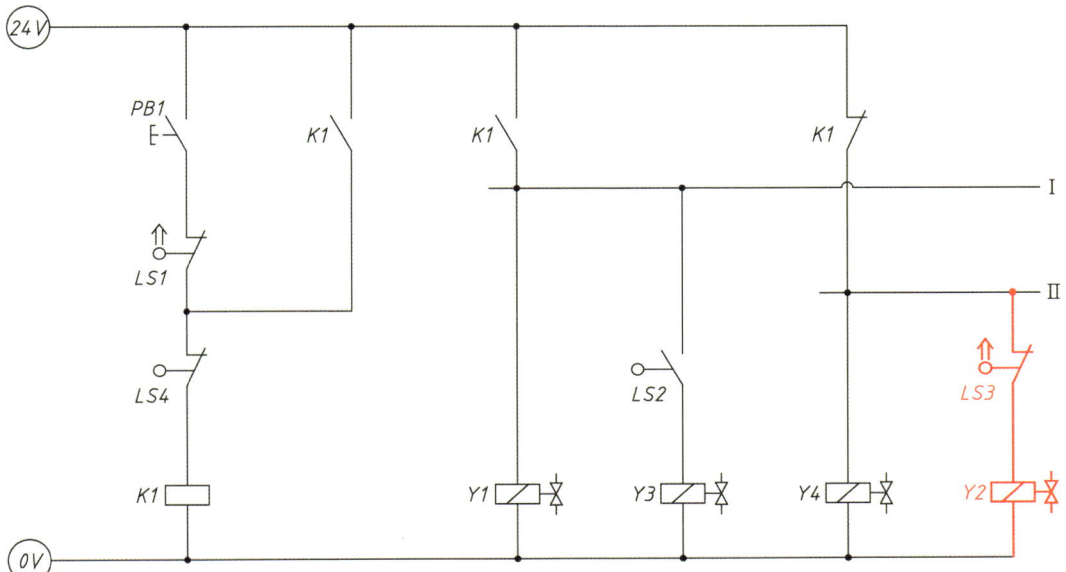

③ 단동 솔레노이드 밸브를 이용한 실린더 직접 제어

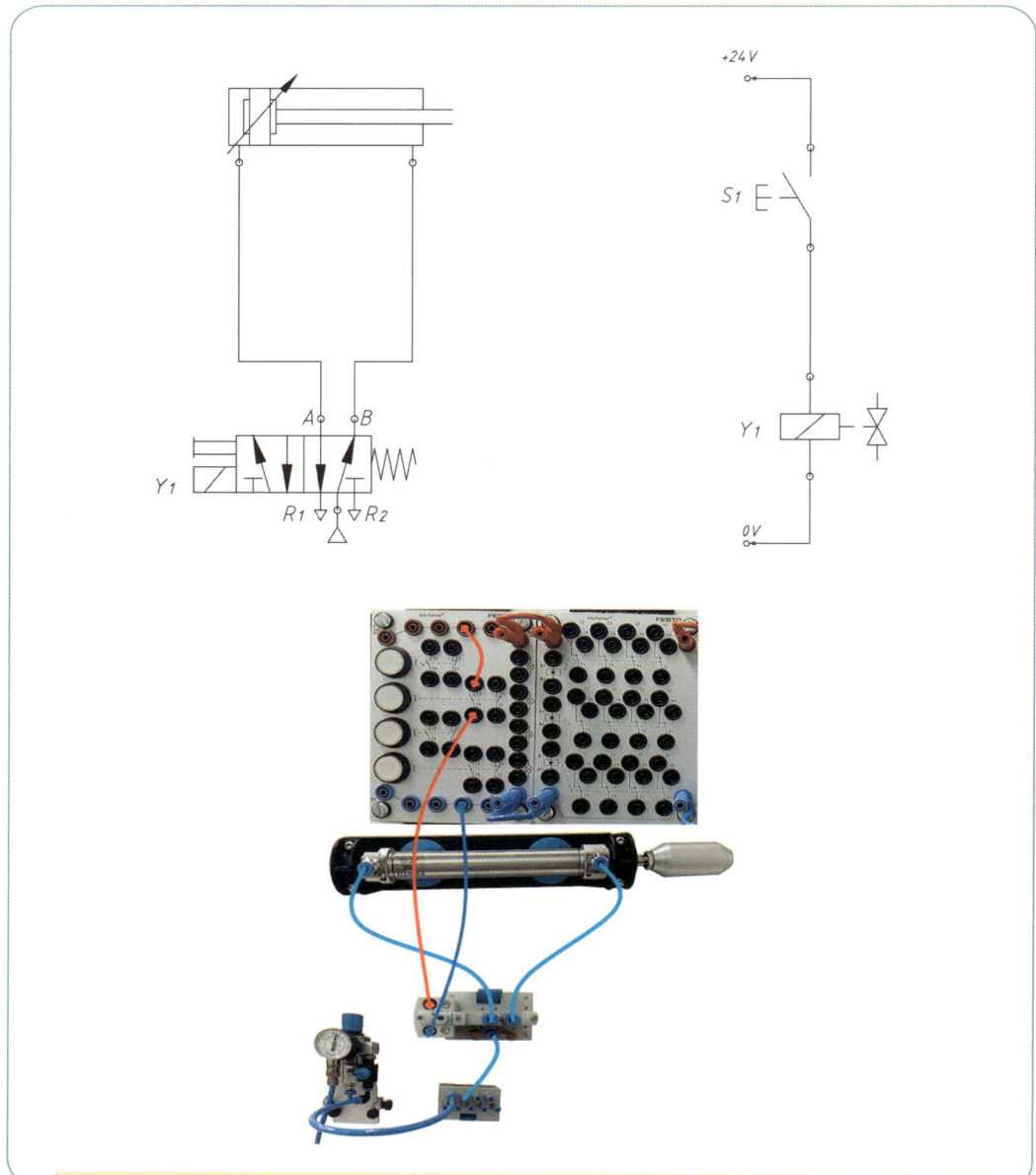

스위치 S1을 누르면 실린더 전진 제어, 스위치 S1의 신호를 회수하면 실린더 후진 제어에 사용된다. 푸시버튼 S1을 누르면 솔레노이드 Y1에 전류가 공급되고 5/2-Way 밸브는 방향이 전환된다. 누르고 있는 동안 실린더는 전진하고, 누른 신호를 회수하면 스프링에 의해 스풀이 원위치로 이동하며, 실린더는 복귀한다.

④ 단동 솔레노이드 밸브를 이용한 실린더 간접 제어

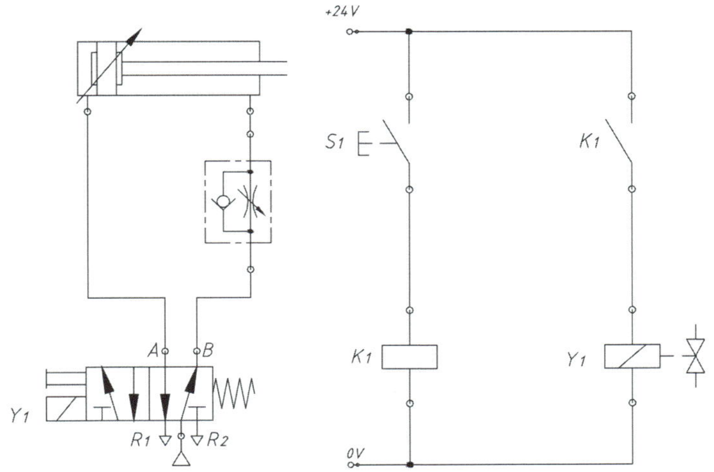

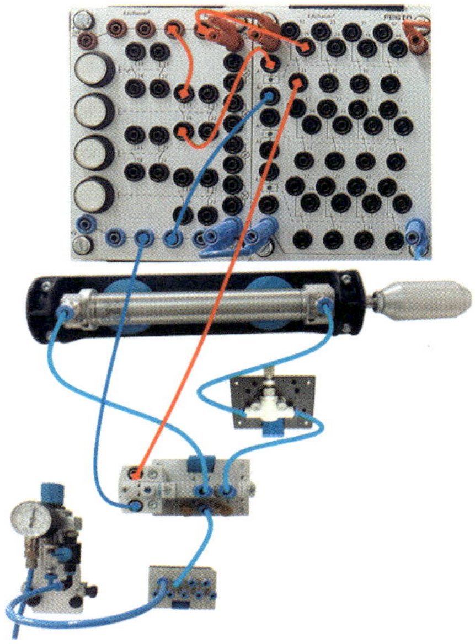

스위치 S1을 누르면 실린더 전진 제어, 스위치 S1의 신호를 회수하면 실린더 후진 제어에 사용된다. 푸시버튼 S1을 누르면 솔레노이드 Y1에 전류가 공급되고 5/2-Way 밸브는 방향이 전환된다. 누르고 있는 동안 실린더는 전진하고, 누른 신호를 회수하면 스프링에 의해 스풀이 원위치로 이동하며, 실린더는 복귀한다.

V. 공압 회로 구성

5 복동 솔레노이드 밸브를 이용한 실린더 직접 제어

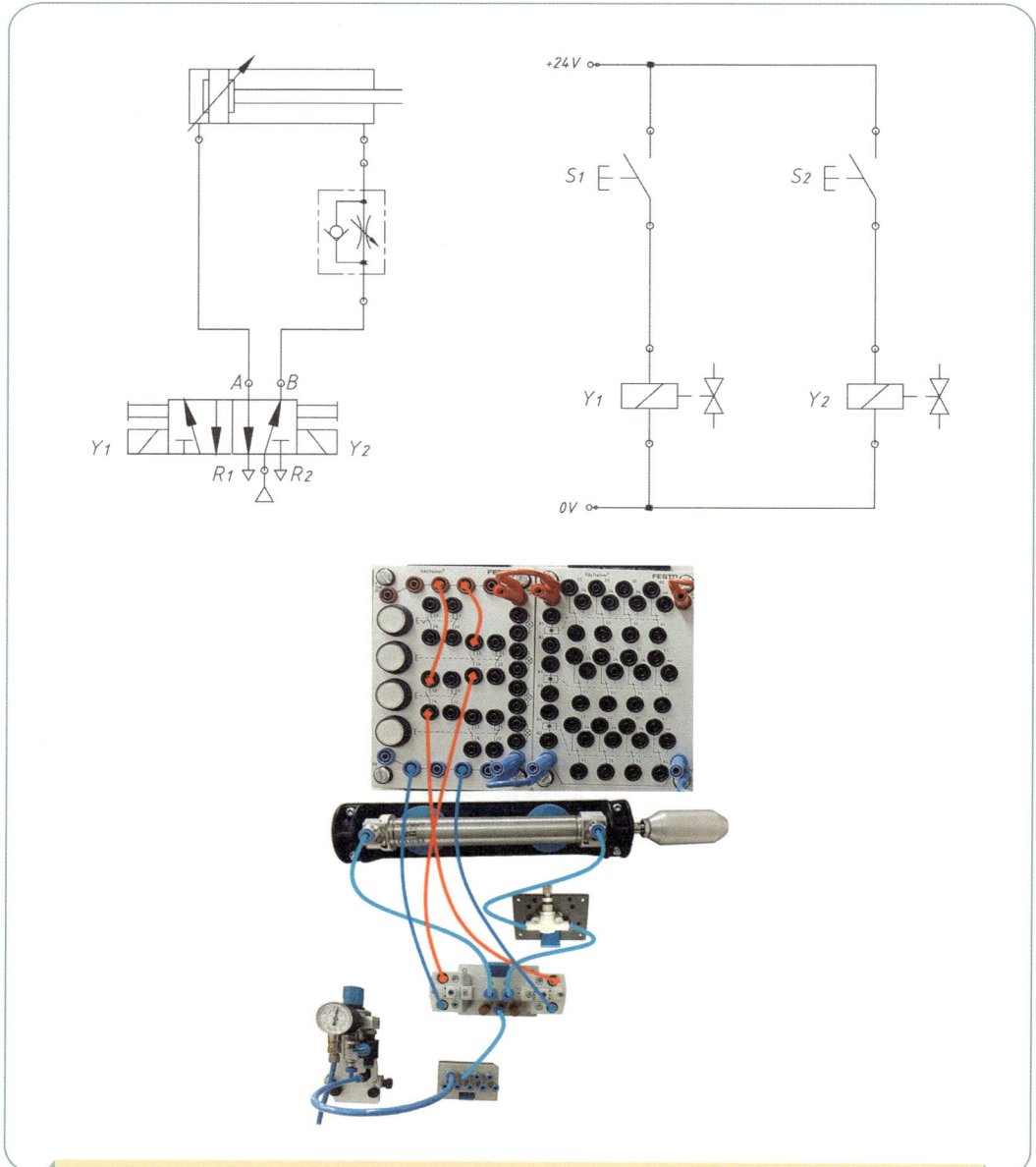

스위치 S1은 실린더 전진 제어, 스위치 S2는 실린더 후진 제어에 사용된다. 푸시버튼 S1을 누르면 솔레노이드 Y1에 전류가 공급되고 5/2-Way 밸브는 방향이 전환된다. 이때 실린더는 전진하여 최종 전진 위치에 머무르게 된다(전기적 기억 기능). 푸시버튼 S2는 솔레노이드 Y2에 전기를 공급하여 피스톤을 복귀시킨다.

6 복동 솔레노이드 밸브를 이용한 실린더 간접 제어

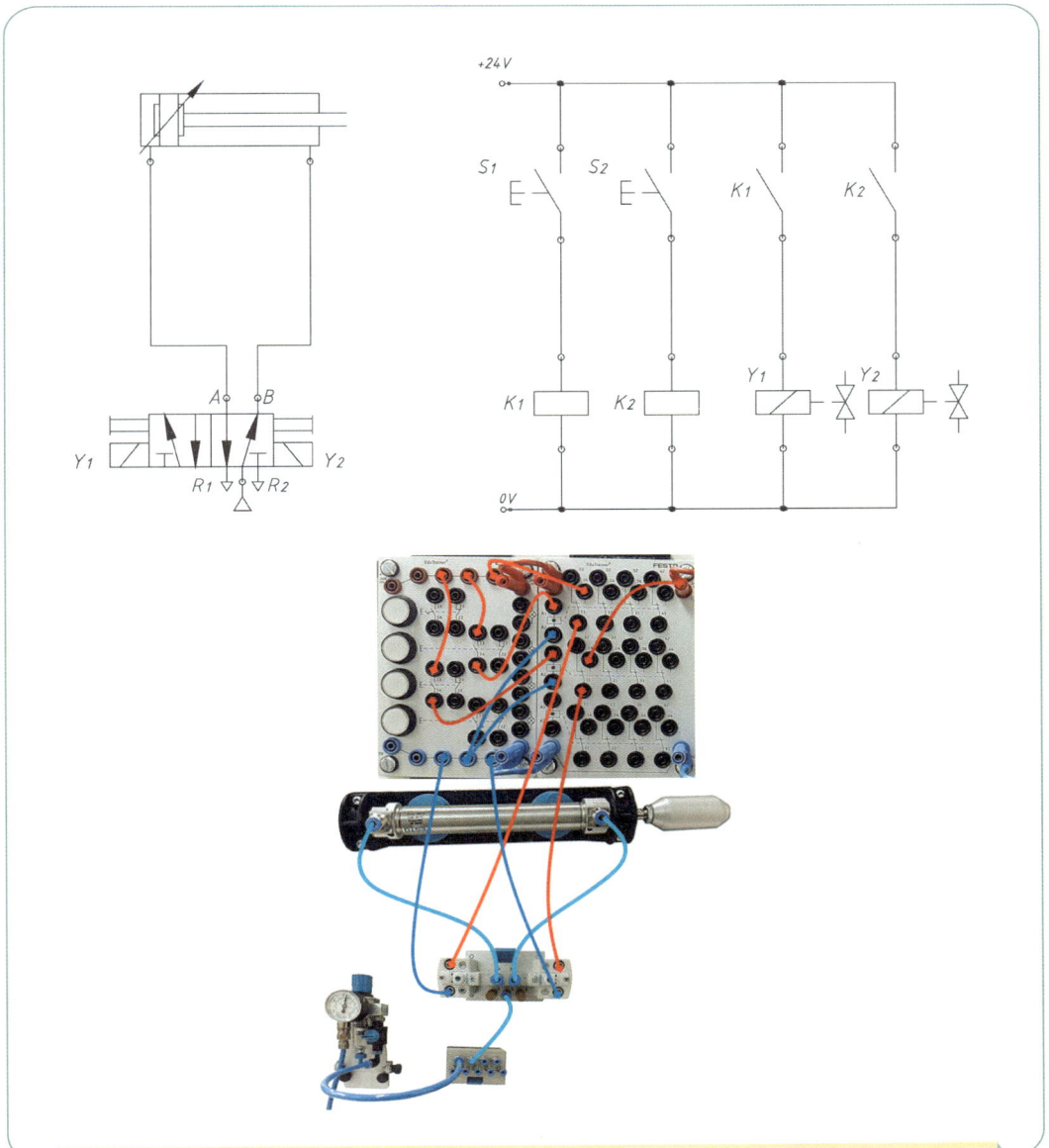

푸시버튼 S1을 누르면 릴레이 K1이 여자되고 접점 K1이 연결되어 솔레노이드 Y1에 전기가 공급되고 5/2-Way 밸브는 방향이 전환된다. 이때 실린더는 전진하여 최종 전진 위치에 머무르게 된다(전기적 기억 기능).
푸시버튼 S2를 누르면 릴레이 K2가 여자되고 접점 K2가 연결되어 솔레노이드 Y2에 전기가 공급되어 실린더를 복귀시킨다.

7. 복동 솔레노이드 밸브를 이용한 실린더 직접 자동복귀 회로

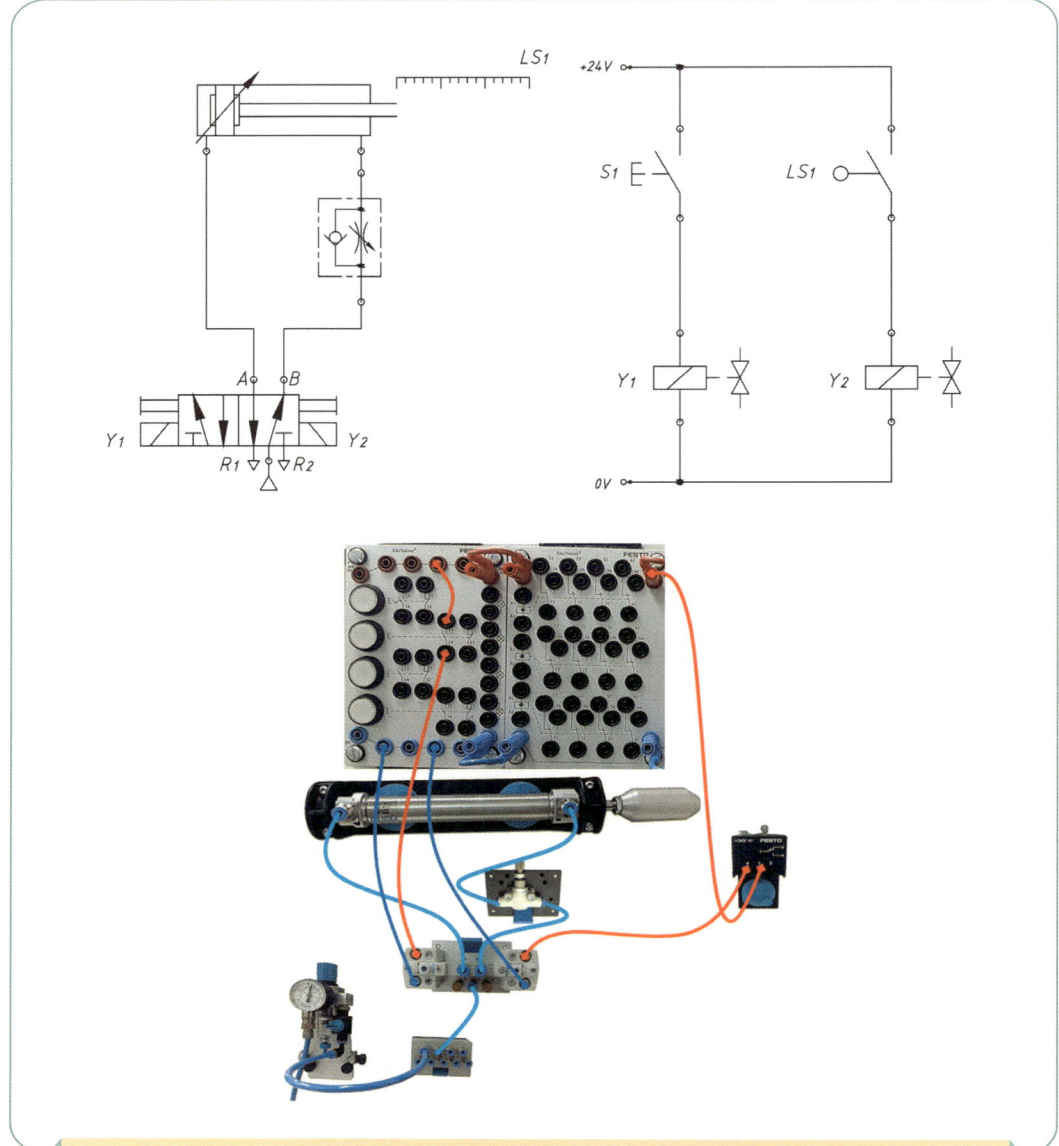

푸시버튼 스위치와 리밋 스위치에 의해서 복동 실린더를 1회 왕복운동시킨다.
푸시버튼 S1을 누르면 솔레노이드 Y1에 전기가 공급되고 5/2-Way 밸브는 방향이 전환된다. 이때 실린더가 전진하여 최종 위치에 도달하면 리밋 스위치를 동작시켜 LS1은 Y2에 전류를 공급하게 되고 밸브의 방향이 전환되어 실린더를 후진시킨다. 이때 밸브 전환이 가능한 이유는 S1의 신호가 회수된 상태이기 때문이다.

8 복동 솔레노이드 밸브를 이용한 실린더 직접 자동왕복 회로

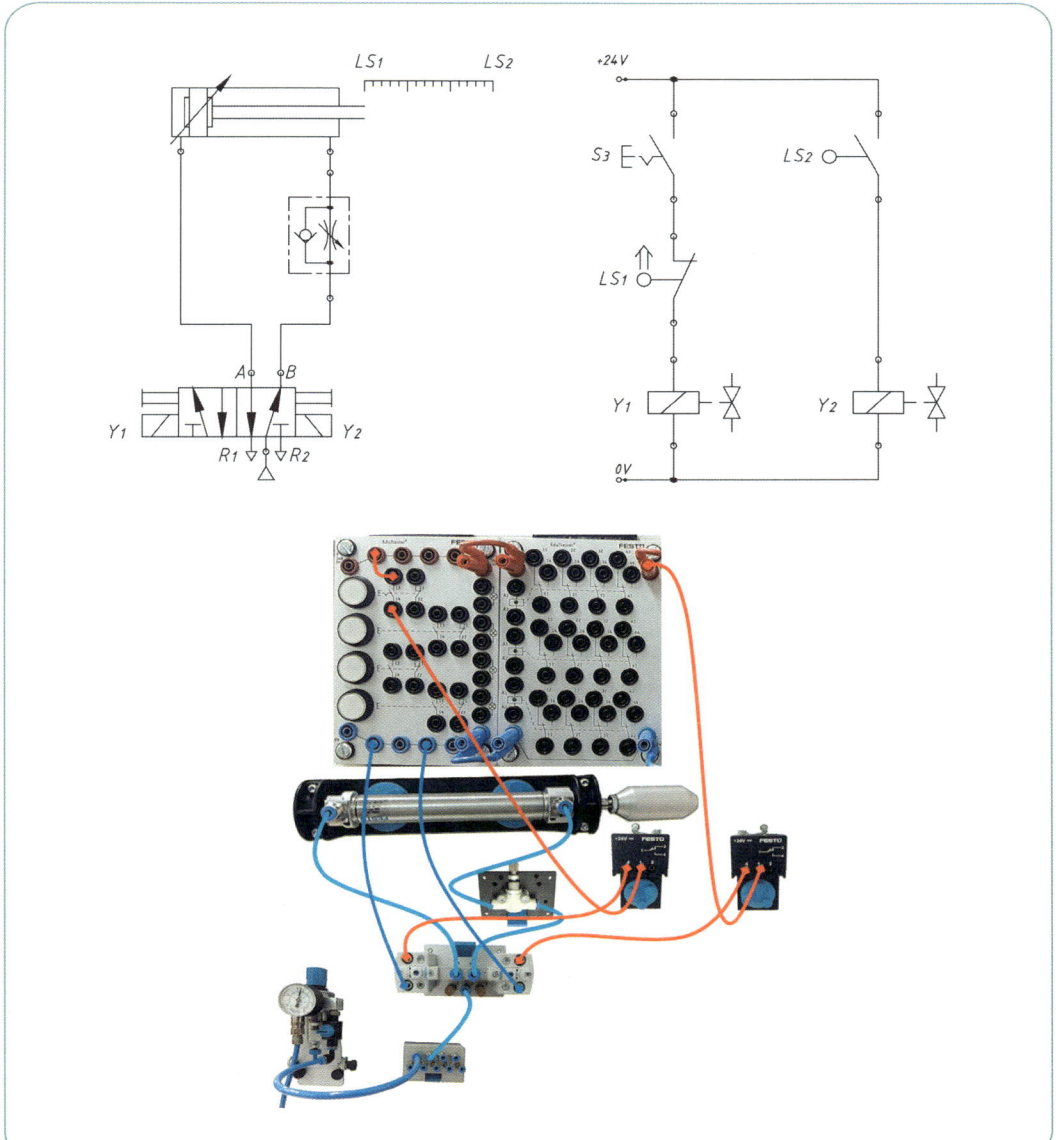

로크형 스위치와 리밋 스위치 2개를 이용하여 복동 실린더를 자동으로 왕복운동시킨다. 로크형 스위치 S3을 누르면 리밋 스위치 LS1은 접점이 연결된 상태이므로 솔레노이드 Y1에 전기가 공급되고 실린더가 전진하면 LS1의 접점이 단락된다. 실린더가 전진하여 리밋 스위치 LS2를 동작시키면 솔레노이드 Y2에 전류를 공급하여 실린더를 후진시킨다. 로크 스위치 S3의 신호가 회수될 때까지 왕복운동을 반복한다.

9 단동 솔레노이드 밸브를 이용한 실린더 간접 자동복귀 회로

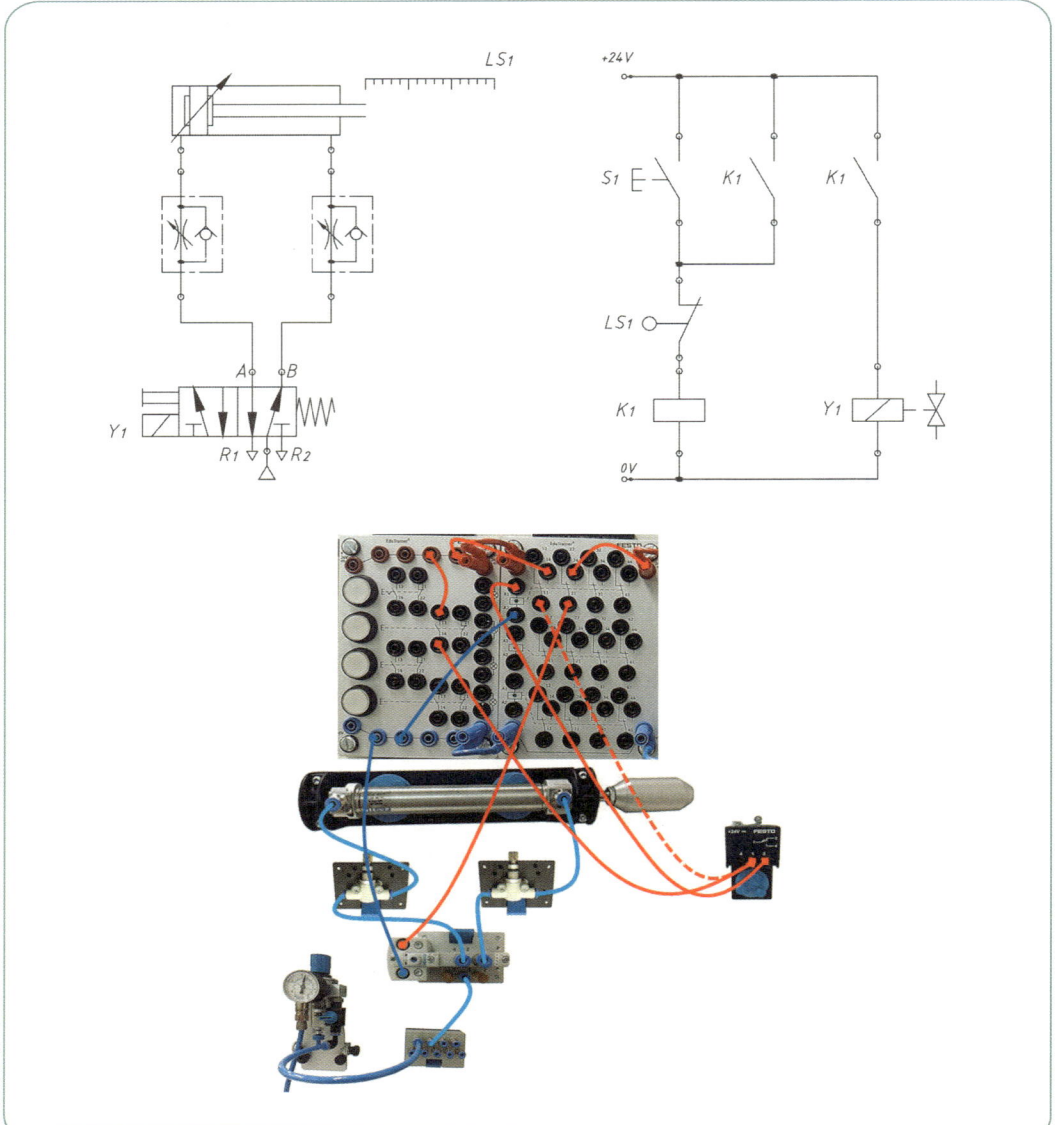

푸시버튼 스위치와 리밋 스위치에 의해서 복동 실린더를 1회 왕복운동시킨다.
푸시버튼 S1을 누르면 리밋 스위치 정상상태 닫힘 접점을 통해 릴레이 K1이 여자되고 접점 K1이 연결되어 솔레노이드 Y1에 전기가 공급되고 실린더가 전진한다. 자기유지를 통해 실린더가 최종 위치에 도달하면 리밋 스위치를 동작시켜 LS1의 접점이 단락되어 스프링의 힘으로 밸브의 방향이 전환되어 실린더를 후진시킨다.

10 단동 솔레노이드 밸브를 이용한 실린더 자동연속 사이클 회로

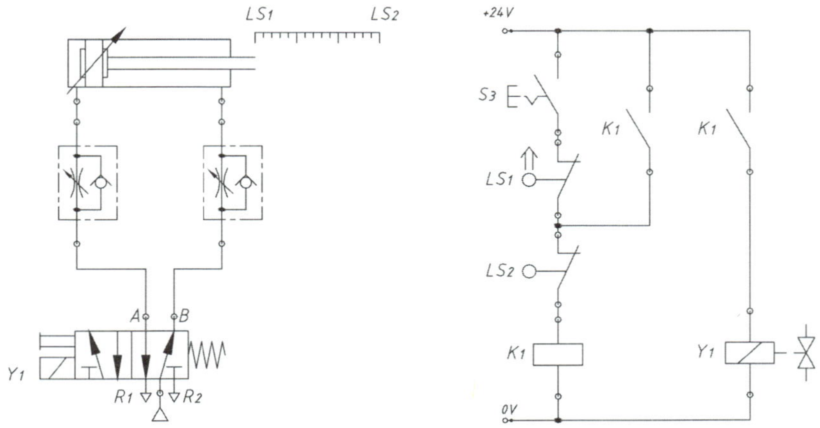

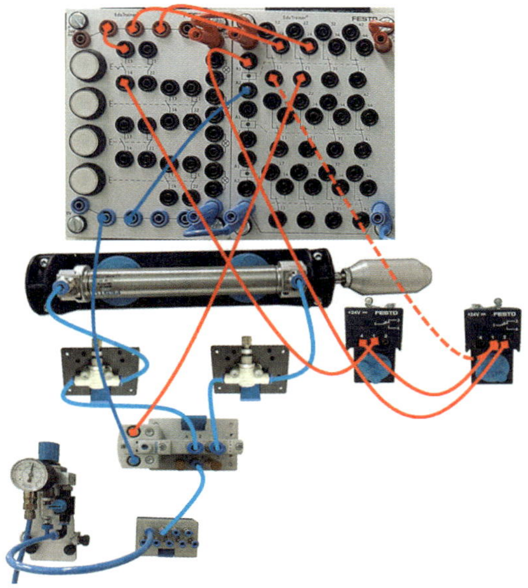

로크형 스위치와 리밋 스위치 2개를 이용하여 복동 실린더를 자동으로 연속 운동시킨다. 스위치 S3을 누르면 리밋 스위치 LS1은 접점이 연결된 상태이므로 리밋 스위치 LS2 정상상태 닫힘 접점을 통해 릴레이 K1이 여자되고 접점 K1이 연결되어 솔레노이드 Y1에 전류를 공급하여 실린더를 전진시킨다. 실린더는 리밋 스위치 LS2를 동작시켜 릴레이 K1이 소자되고 접점 K1이 단락으로 신호가 회수되어 실린더가 복귀한다. 로크 스위치 S3의 신호가 회수될 때까지 왕복운동을 반복한다.

11 단동 솔레노이드 밸브를 이용한 실린더 간접 자동왕복 회로

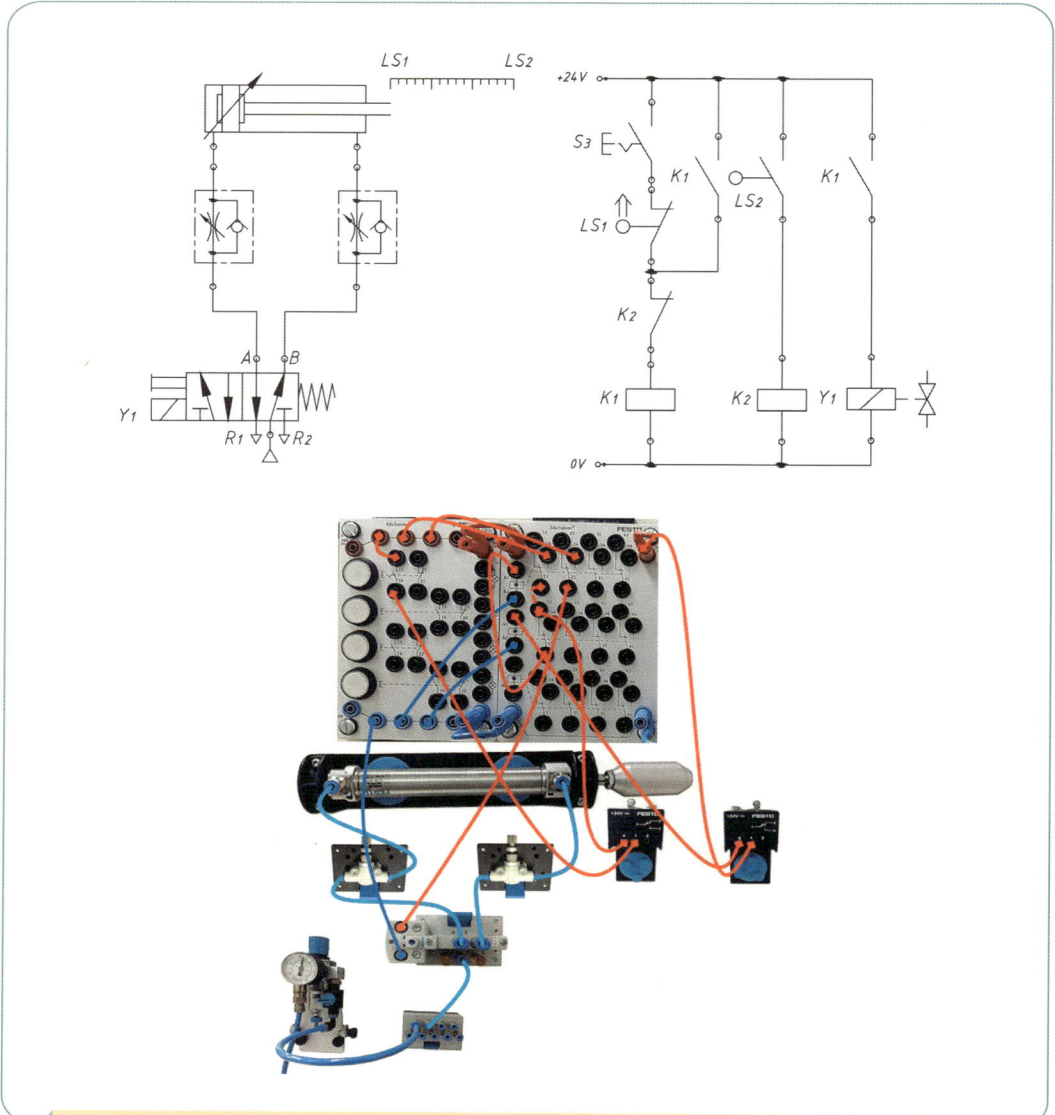

로크형 스위치와 리밋 스위치 2개를 이용하여 복동 실린더를 자동으로 왕복운동시킨다.
스위치 S3을 누르면 리밋 스위치 LS1은 접점이 연결된 상태이므로 접점 K2 정상상태 닫힘 접점을 통해 릴레이 K1이 여자되고 접점 K1이 연결되어 솔레노이드 Y1에 전류를 공급하여 실린더를 전진시킨다. 실린더는 리밋 스위치 LS2를 동작시켜 릴레이 K2가 여자되고 접점 K2가 단락으로 신호가 회수되어 실린더가 복귀한다. 로크 스위치 S3의 신호가 회수될 때까지 왕복운동을 반복한다.

12 복동 솔레노이드 밸브를 이용한 실린더 간접 자동복귀 회로

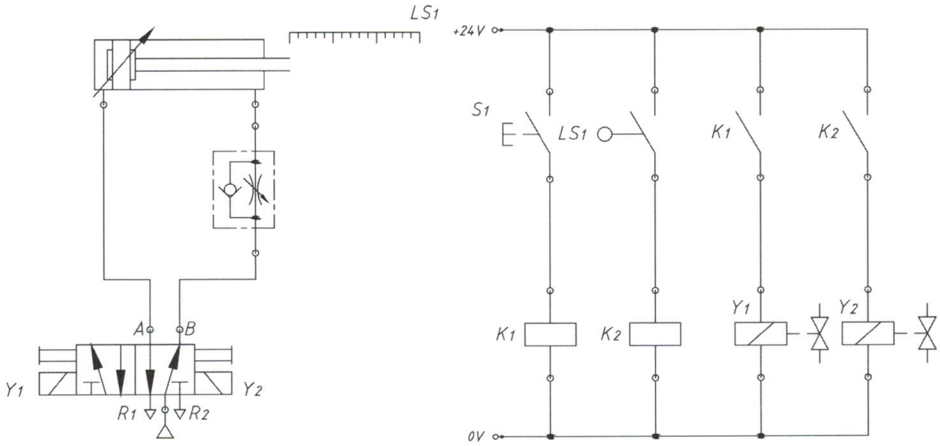

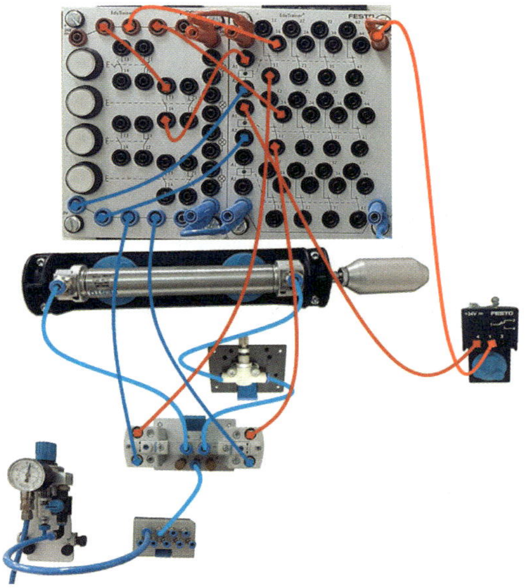

푸시버튼 스위치와 리밋 스위치에 의해서 복동 실린더를 1회 왕복운동시킨다.
푸시버튼 S1을 누르면 릴레이 K1이 여자되고 접점 K1이 연결되어 솔레노이드 Y1에 전기가 공급되고 5/2-Way 밸브는 방향이 전환된다. 이때 실린더가 전진하여 최종 위치에 도달하면 리밋 스위치를 동작시켜 LS1은 접점이 연결되어 릴레이 K2가 여자되고 접점 K2가 연결되어 솔레노이드 Y2에 전류를 공급하게 되고 밸브의 방향이 전환되어 실린더를 후진시킨다.

13 복동 솔레노이드 밸브를 이용한 실린더 간접 자동왕복 회로

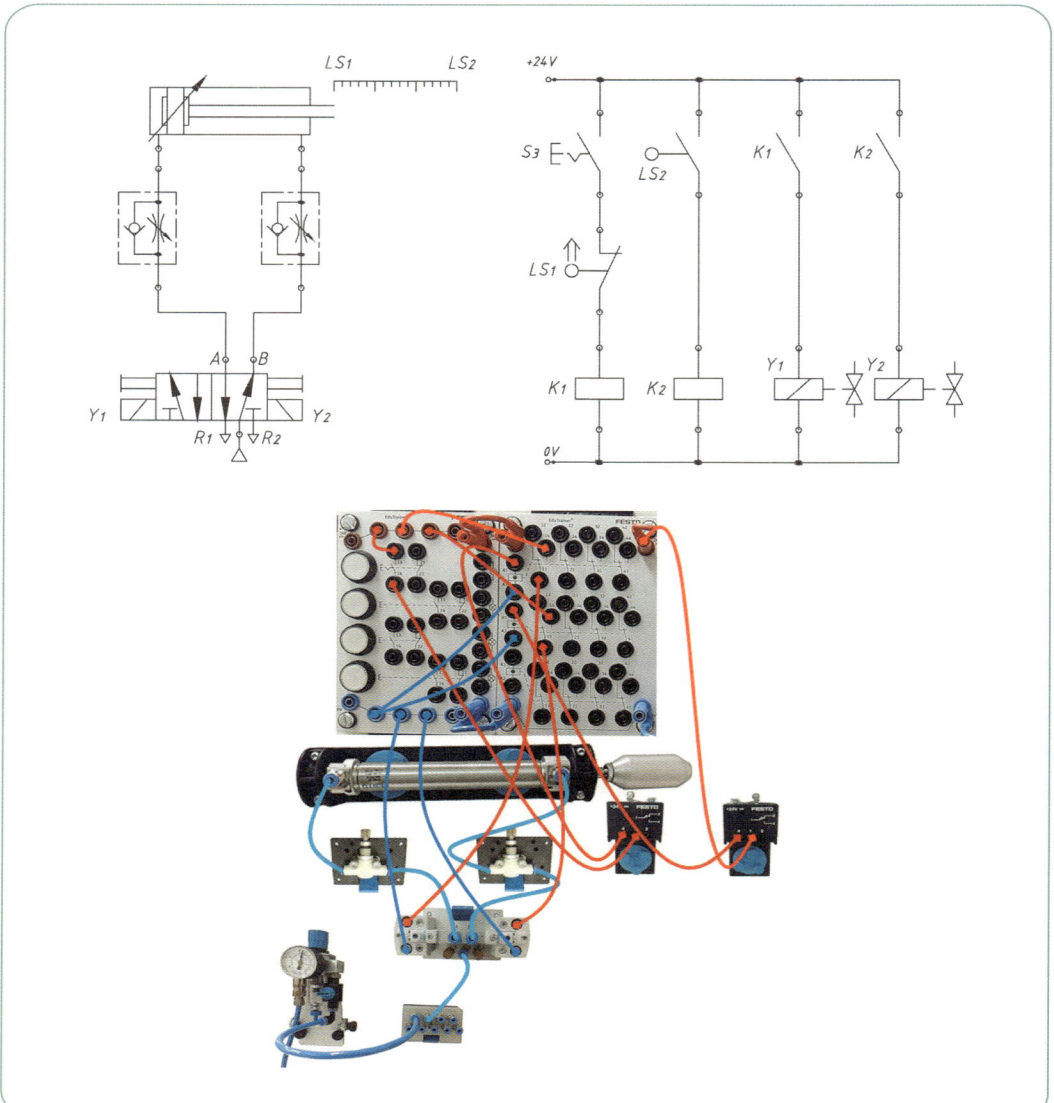

로크형 스위치와 리밋 스위치 2개를 이용하여 복동 실린더를 자동으로 왕복운동시킨다. 스위치 S3을 누르면 리밋 스위치 LS1은 접점이 연결된 상태이므로 릴레이 K1이 여자되고 접점 K1이 연결되어 솔레노이드 Y1에 전류가 공급되면 실린더가 전진하여 LS1의 접점이 단락된다. 실린더가 전진하여 리밋 스위치 LS2를 동작시키면 릴레이 K2가 여자되고 접점 K2가 연결되어 솔레노이드 Y2에 전류를 공급하여 실린더를 후진시킨다. 로크 스위치 S3의 신호가 회수될 때까지 왕복운동을 반복한다.

14 단동 솔레노이드 밸브를 이용한 자동단속·연속 사이클 회로

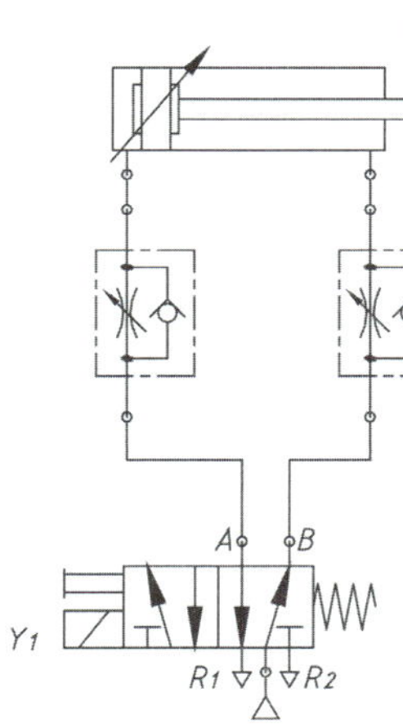

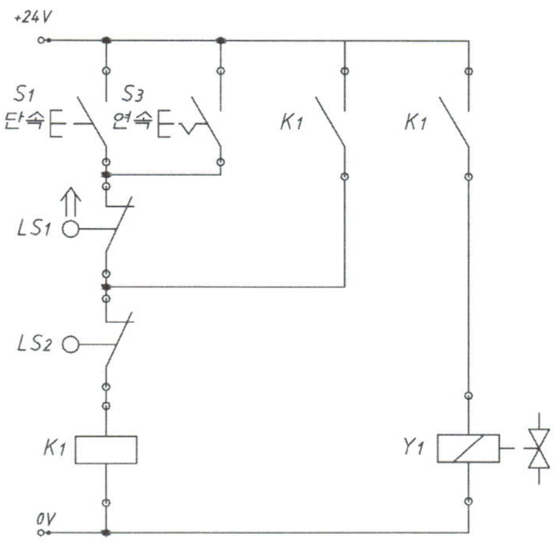

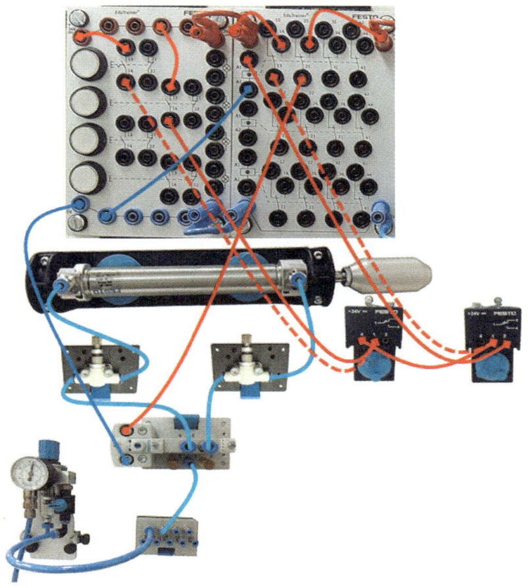

푸시버튼형 스위치와 리밋 스위치 2개를 이용하여 복동 실린더를 자동으로 왕복운동시킨다. 로크형 스위치를 동작시키면 복동 실린더를 자동으로 연속 왕복운동시킨다.

스위치 S1을 누르면 릴레이 K1이 여자되고 접점 K1이 연결되어 솔레노이드 Y1에 전류가 공급되면 실린더가 전진한다. 자기유지를 통해 실린더가 최종 위치에 도달하면 리밋 스위치 LS2의 접점이 단락된다. 이때 릴레이 K1이 소자되고 접점 K1 신호가 단락되어 솔레노이드 Y1에 신호가 회수되며 스프링의 힘으로 밸브의 방향이 전환되어 실린더를 후진시킨다. 로크 스위치 S3을 누르면 신호가 회수될 때까지 연속 왕복운동을 반복한다.

15 복동 솔레노이드 밸브를 이용한 자동단속·연속 사이클 회로

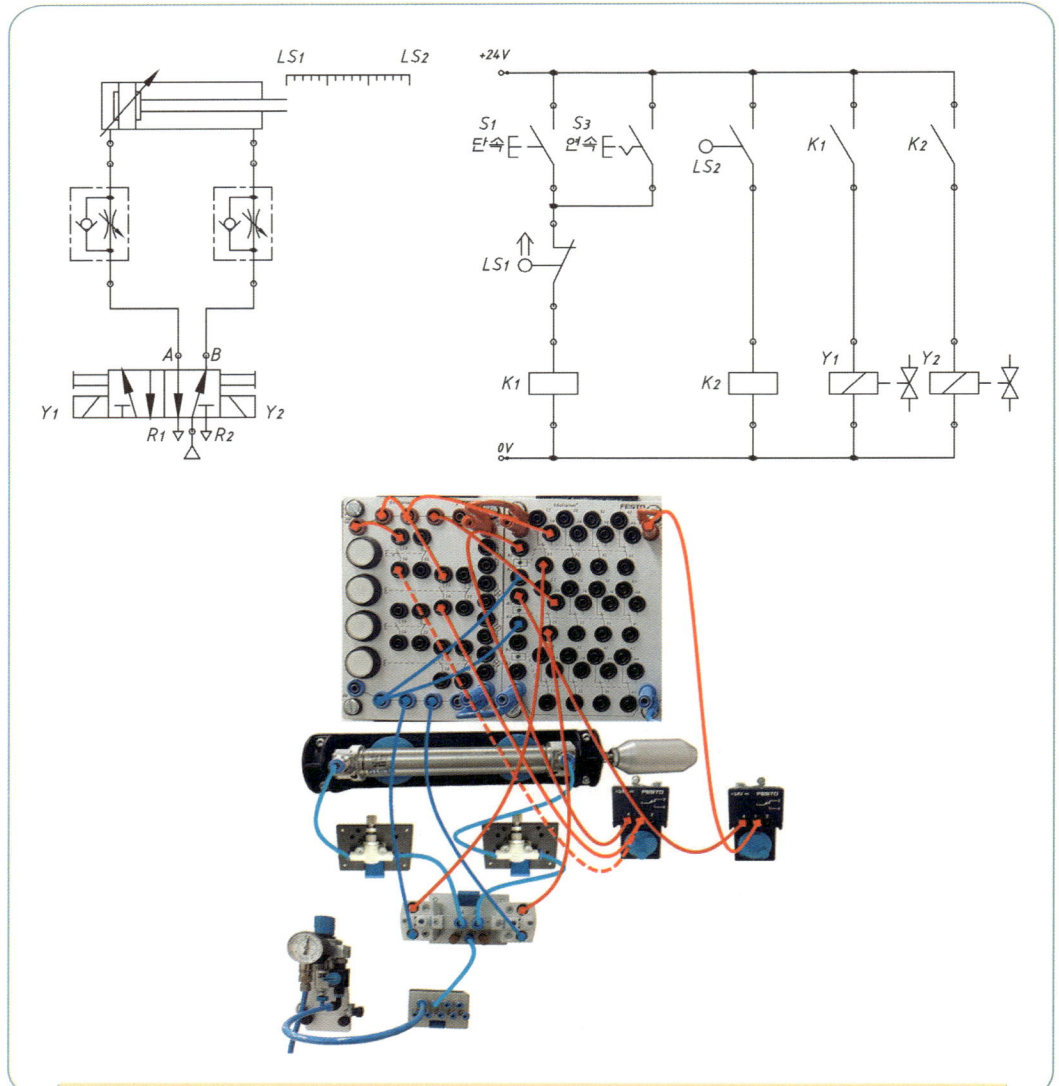

푸시버튼형 스위치, 로크형 스위치와 리밋 스위치 2개를 이용하여 복동 실린더를 자동으로 왕복운동시킨다.

스위치 S1 또는 S3을 누르면 리밋 스위치 LS1은 접점이 연결된 상태이므로 릴레이 K1이 여자되고 접점 K1이 연결되어 솔레노이드 Y1에 전류가 공급되면 실린더가 전진하여 LS1의 접점이 단락된다. 실린더가 전진하여 리밋 스위치 LS2를 동작시키면 릴레이 K2가 여자되고 접점 K2가 연결되어 솔레노이드 Y2에 전류를 공급하여 실린더를 후진시킨다. 연속 동작 시 로크 스위치 S3의 신호가 회수될 때까지 왕복운동을 반복한다.

Ⅵ 공압 회로 구성 및 조립

▶ 설비보전산업기사 공기압시스템 설계 및 구성 ◀

※ 시험시간: [제1과제] 50분

 요구사항

※ 지급된 재료 및 시설을 사용하여 아래 작업을 완성하시오.
※ 한 번 제출한 작품의 재작업은 허용되지 않습니다.

가. 공기압 회로도 구성

1) 공기압 회로도와 같이 기기를 선정하여 고정판에 배치하시오.
   가) 기기는 수평 또는 수직 방향으로 수험자가 임의로 배치하고, 리밋 스위치는 방향성을 고려하여 설치하시오.
2) 공기압 호스를 적절한 길이로 절단 및 사용하여 기기를 연결하시오.
   가) 공기압 호스가 시스템 동작에 영향을 주지 않도록 정리하시오.
3) 작업 압력(서비스 유닛)을 0.5±0.05 MPa로 설정하시오.

나. 기본동작

1) PB1을 1회 ON-OFF하면 변위단계선도(타이머 포함)와 같이 1사이클 단속 동작되도록 전기회로도를 설계하여 시스템을 구성하고 시험감독위원에게 확인받으시오.
   가) 전기 배선은 +는 적색으로, -는 청색 또는 흑색으로 연결하고, 전선이 시스템 동작에 영향을 주지 않도록 정리하시오.
   나) 지정되지 않은 누름버튼 스위치는 자동복귀형 스위치를 사용하시오.

다. 시스템 유지보수

1) 동작 확인 후 유지보수 계획과 같이 시스템을 변경하고 시험감독위원에게 확인받으시오.

라. 정리정돈

1) 평가 종료 후 작업한 자리의 부품 정리, 공기압 호스 정리, 전선 정리 등 모든 상태를 초기 상태로 정리하시오.

수험자 유의사항

※ 다음의 유의사항을 고려하여 요구사항을 완성하시오.
※ 작업형 과제별 배점은 [공기압시스템 설계 및 구성 30점, 유압시스템 설계 및 구성 30점, 가스 절단 및 용접 40점]이며, 이외 세부항목 배점은 비공개입니다.

1) 시험 시작 전 장비의 이상 유무를 확인합니다.
2) 시험 중 반드시 시험감독위원의 지시에 따라야 하며, 시험감독위원의 지시가 없는 한 시험장을 임의로 이탈할 수 없습니다.
3) 시험에 필요한 기기 이외의 부품이나 장비에 임의로 접촉하지 않도록 주의하시기 바랍니다.
4) 공기압 호스의 제거는 공급 압력을 차단한 후 실시하시기 바랍니다.
5) 전기 합선 시에는 즉시 전원공급 장치의 전원을 차단하시기 바랍니다.
6) 실린더의 작동 부분에는 전선 및 호스가 접촉되지 않도록 주의하여야 합니다.
7) "기본동작 → 시스템 유지보수" 순서대로 시험감독위원에게 평가받습니다.
(단, 각 동작의 평가는 전원이 유지된 상태에서 2회 이상 시도하여 동일하게 정상 동작이 되어야 하며, 1회만 동작하고 정상적으로 재동작하지 않으면 인정하지 않습니다.)
8) 평가 기회는 한 번만 부여되오니, 이점 유의하여 평가를 요청하시기 바랍니다.
(단, 평가가 불명확하여 재확인이 필요한 경우 시험감독위원의 판단에 따라 다시 동작시킬 수 있습니다. 회로를 변경 또는 수정할 수 없고, 동작만 재시도합니다.)
9) 평가 종료 후 정리정돈 상태에 따라 감점될 수 있음을 유의하시기 바랍니다.
10) 시험 중 작업복 및 안전보호구를 착용하여 안전수칙을 준수하여야 하며, 안전수칙 미준수로 인해 감점될 수 있음을 유의하시기 바랍니다. (단, 슬리퍼, 샌들 착용 등 복장이 작업에 부적합할 경우 응시가 불가능합니다.)

11) 다음 사항은 실격에 해당하여 채점 대상에서 제외됩니다.
    가) 수험자 본인이 수험 도중 시험에 대한 기권 의사를 표현하는 경우
    나) 실기시험 과정 중 1개 과정이라도 불참한 경우
    다) 시설·장비의 조작 또는 재료의 취급이 미숙하여 위해를 일으킬 것으로 시험 감독위원 전원이 합의하여 판단한 경우
    라) 기능이 해당 등급 수준에 전혀 도달하지 못한 것으로 시험감독위원이 판단할 경우
    마) 부정행위를 한 경우
    바) 시험시간 내에 작품을 제출하지 못한 경우
    사) 공기압 회로도와 다른 부품을 사용하거나 부품을 누락한 경우
    아) 기본동작이 변위단계선도와 일치하지 않는 경우

3 도면 ①

가. 공기압 회로도

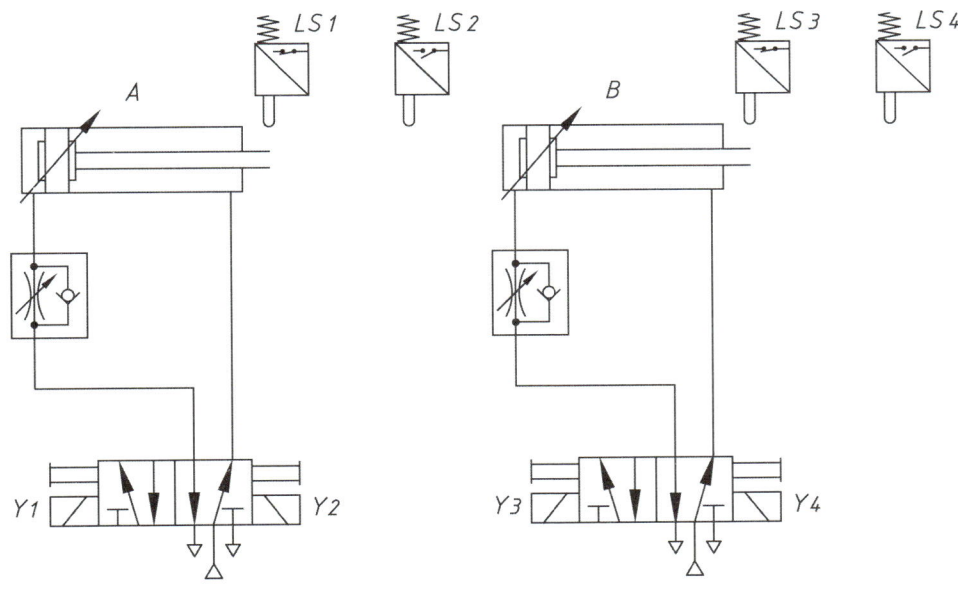

나. 변위단계선도

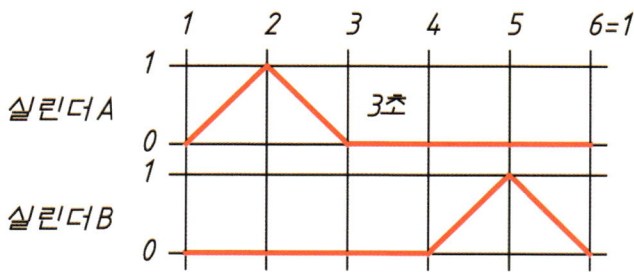

다. 유지보수 계획

1) 연속 스위치(PB2), 카운터 리셋 스위치(PB3), 램프를 추가하여 다음과 같이 동작하도록 회로를 변경하시오.
   ① PB2를 1회 ON-OFF하면, 기본동작을 3회 연속동작한 후 정지합니다.
   ② PB3를 1회 ON-OFF하면, 카운터가 리셋됩니다.
   ③ 카운터 리셋 후 PB2를 1회 ON-OFF하면, 연속동작이 재동작합니다.
   ④ 연속동작을 수행하는 동안 램프1이 점등되고, 동작 완료 후 소등됩니다.
2) 리밋 스위치 LS2은 정전용량형 센서로, LS4은 유도형 센서로 교체한 후 변위단계선도와 같은 동작을 수행할 수 있도록 회로를 변경하시오.

라. 기본동작 전기 회로도

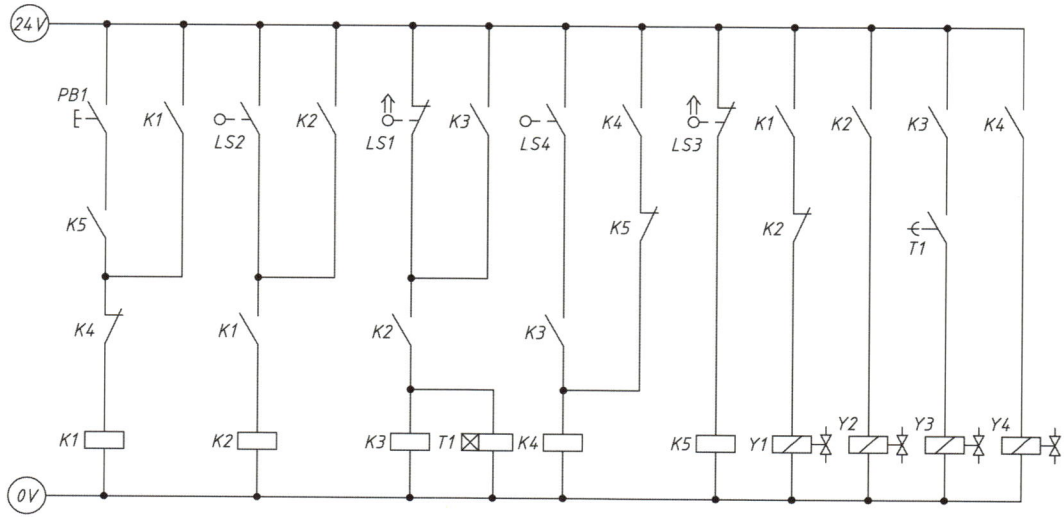

마. 공기압 유지보수 회로도

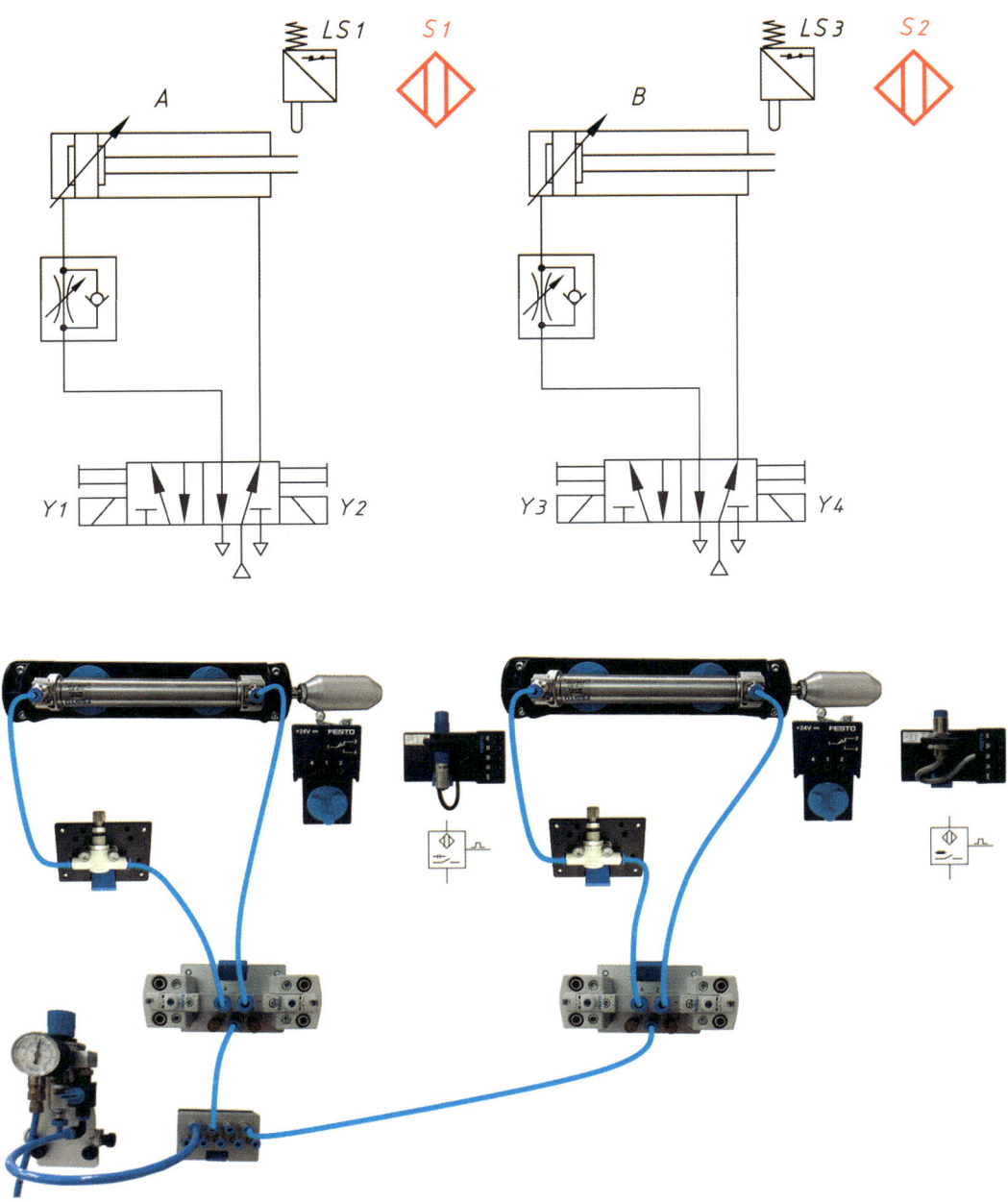

바. 전기 유지보수 회로도

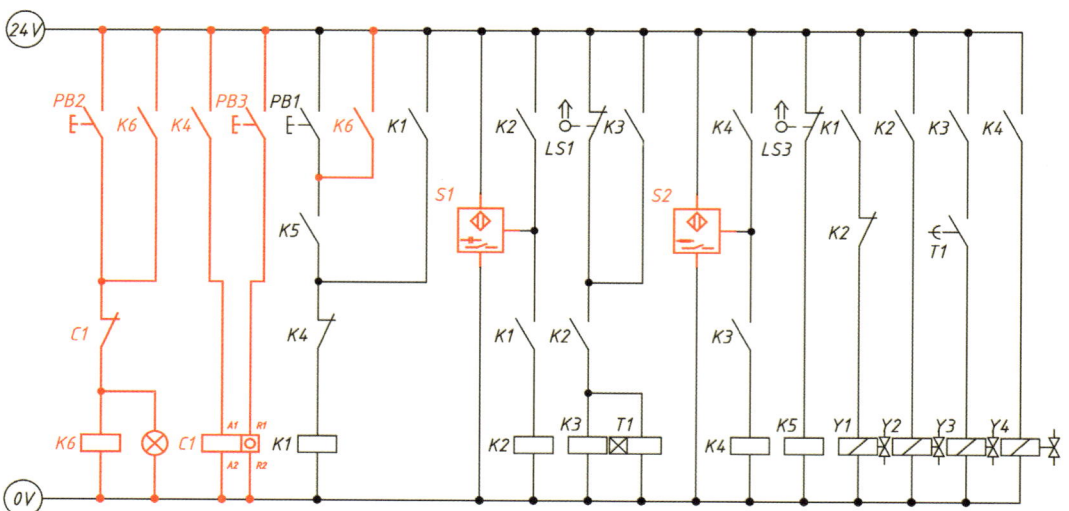

4 도면 ②

가. 공기압 회로도

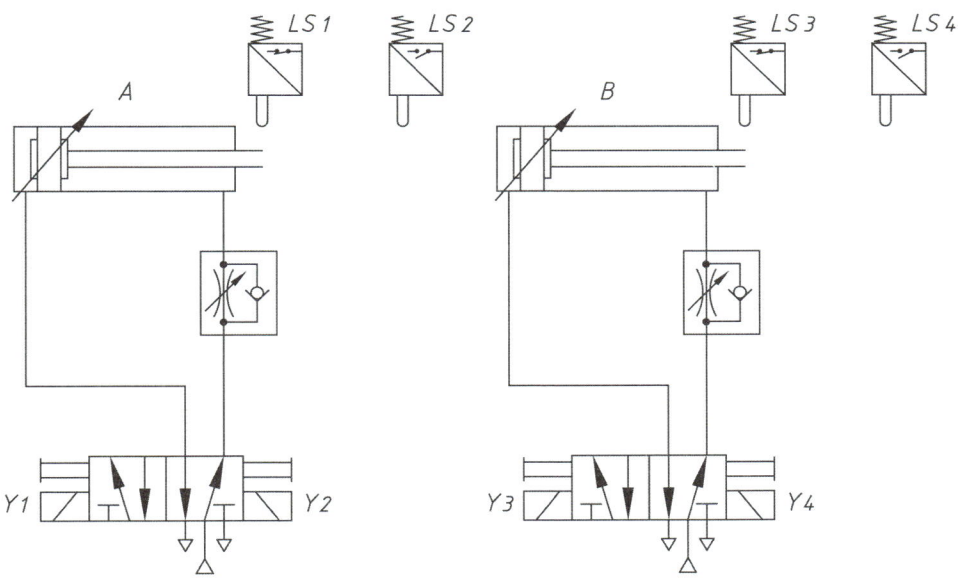

나. 변위단계선도

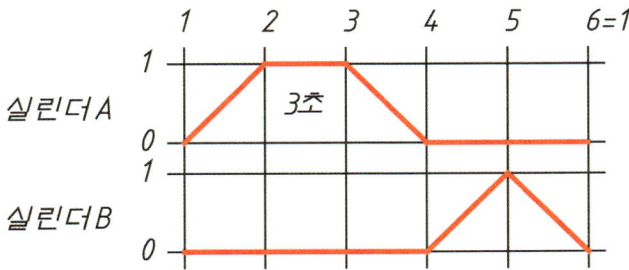

다. 유지보수 계획

1) 연속 스위치(PB2), 카운터 리셋 스위치(PB3), 램프를 추가하여 다음과 같이 동작하도록 회로를 변경하시오.
   ① PB2를 1회 ON-OFF하면, 기본동작을 3회 연속동작한 후 정지합니다.
   ② PB3를 1회 ON-OFF하면, 카운터가 리셋됩니다.
   ③ 카운터 리셋 후 PB2를 1회 ON-OFF하면, 연속동작이 재동작합니다.
   ④ 연속동작을 수행하는 동안 램프1이 점등되고, 동작 완료 후 소등됩니다.
2) 리밋 스위치 LS2은 정전용량형 센서로, LS3은 유도형 센서로 교체한 후 변위단계 선도와 같은 동작을 수행할 수 있도록 회로를 변경하시오.

라. 기본동작 전기 회로도

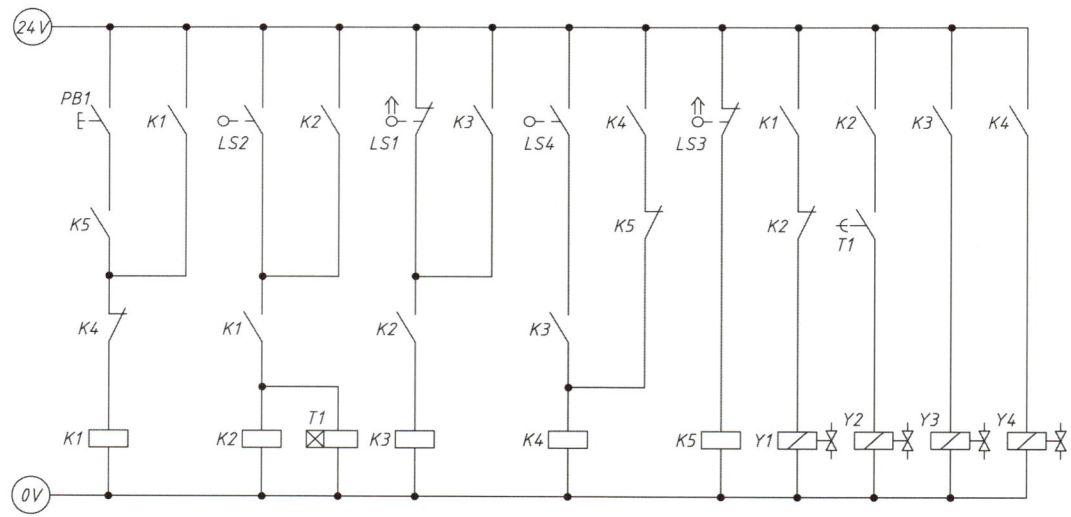

마. 공기압 유지보수 회로도

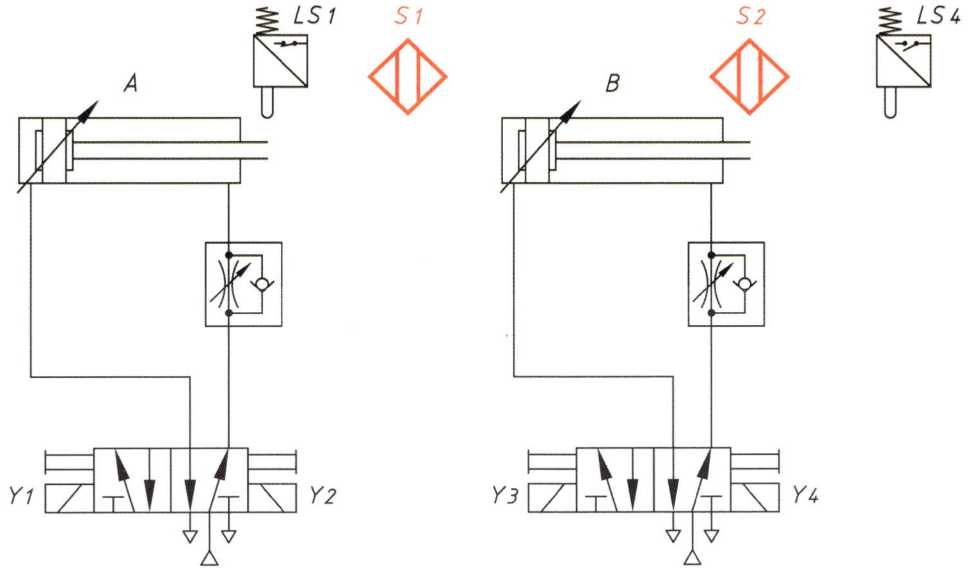

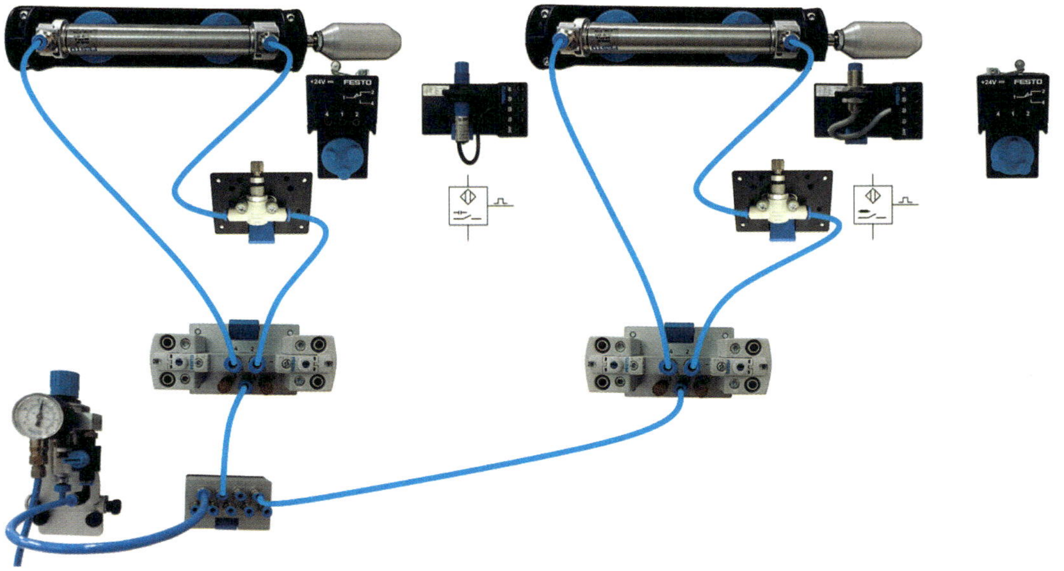

바. 전기 유지보수 회로도

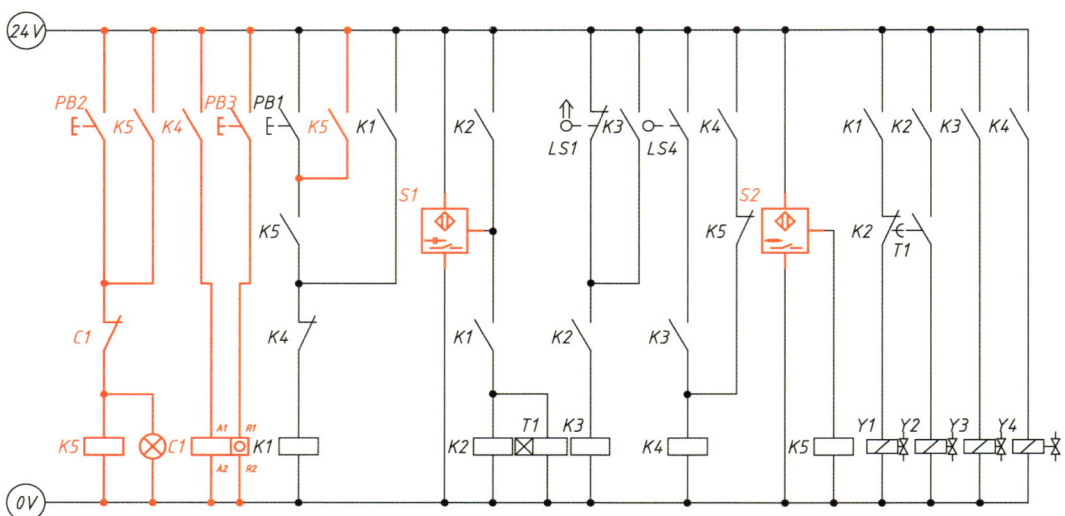

5 도면 ③

가. 공기압 회로도

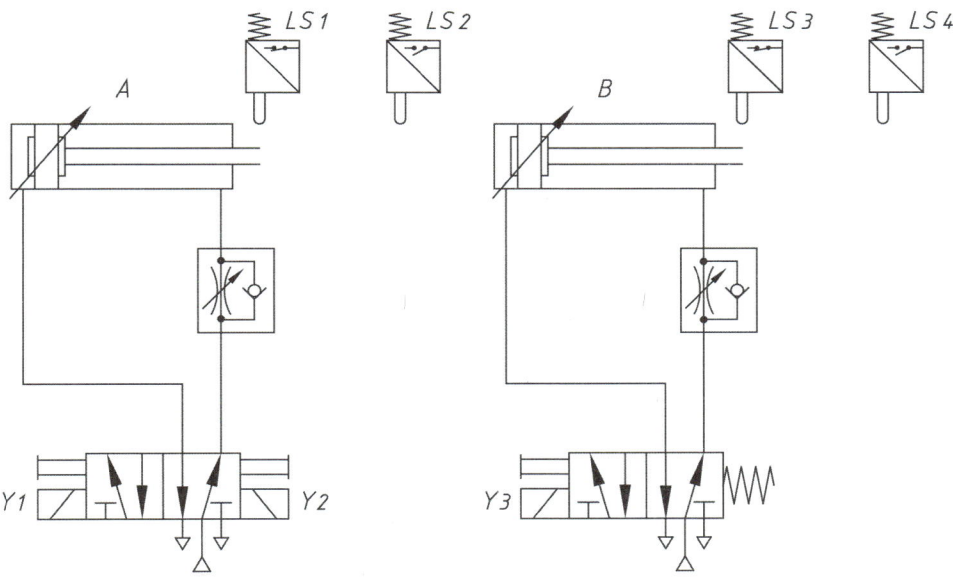

나. 변위단계선도

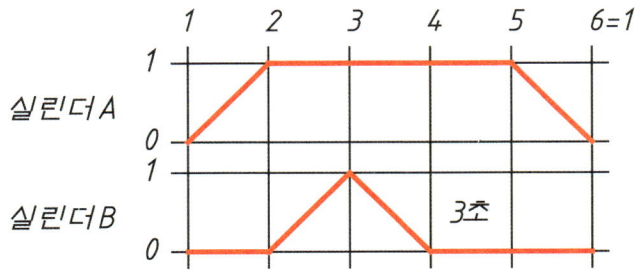

다. 유지보수 계획

1) 연속 스위치(PB2), 비상정지 스위치(유지형 스위치 사용 가능), 램프를 추가하여 다음과 같이 동작하도록 회로를 변경하시오.
   ① PB2를 1회 ON-OFF하면, 기본동작이 연속적으로 동작합니다.
   ② 연속동작 중 비상정지 스위치를 ON하면, 모든 실린더는 후진하며 램프가 점등됩니다.
   ③ 비상정지 스위치를 OFF하면, 램프는 소등되고 시스템은 초기화됩니다.
   ④ 초기화 후 PB2를 1회 ON-OFF하면, 연속동작이 재동작합니다.
2) 리밋 스위치 LS1은 정전용량형 센서로, LS4는 유도형 센서로 교체한 후 변위단계선도와 같은 동작을 수행할 수 있도록 회로를 변경하시오.

라. 기본동작 전기 회로도

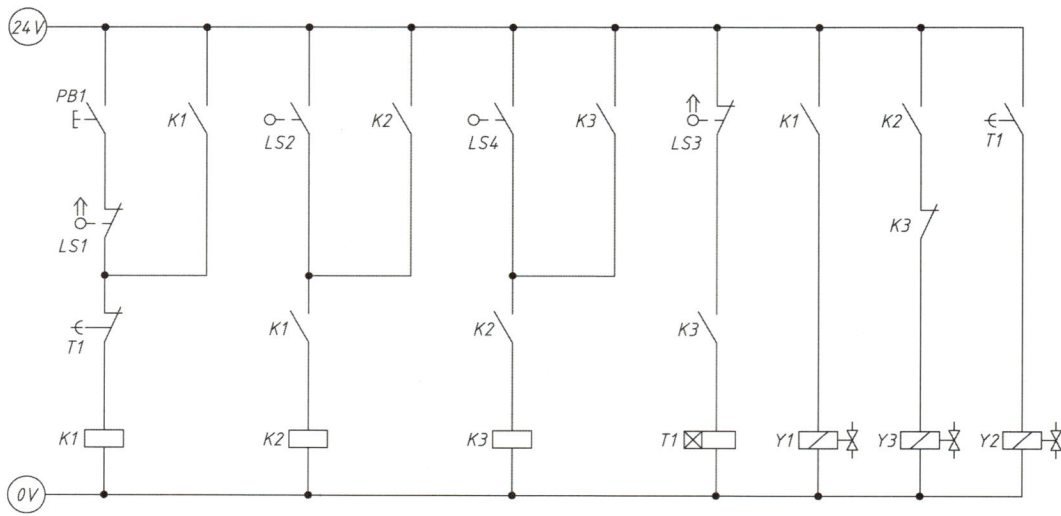

마. 공기압 유지보수 회로도

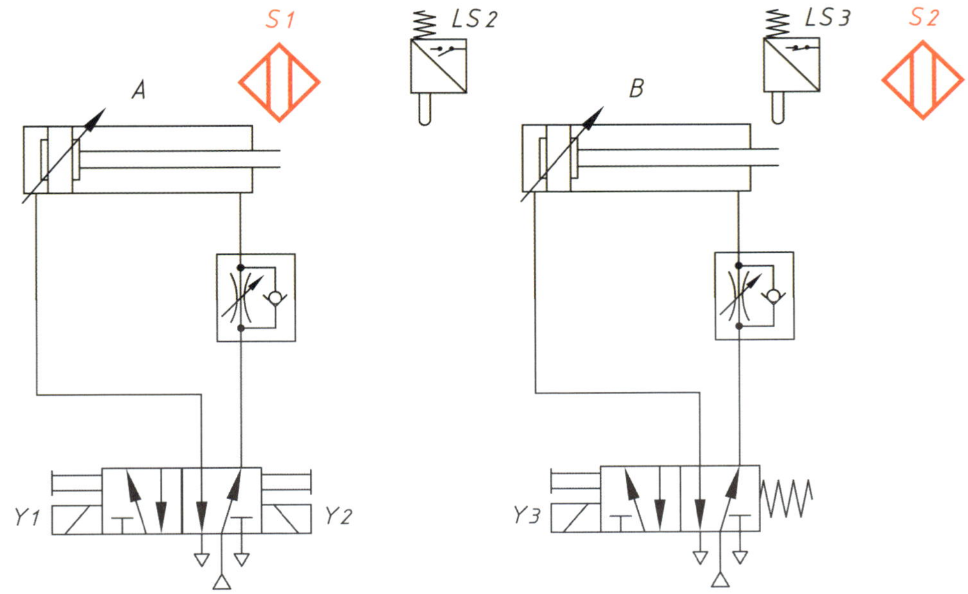

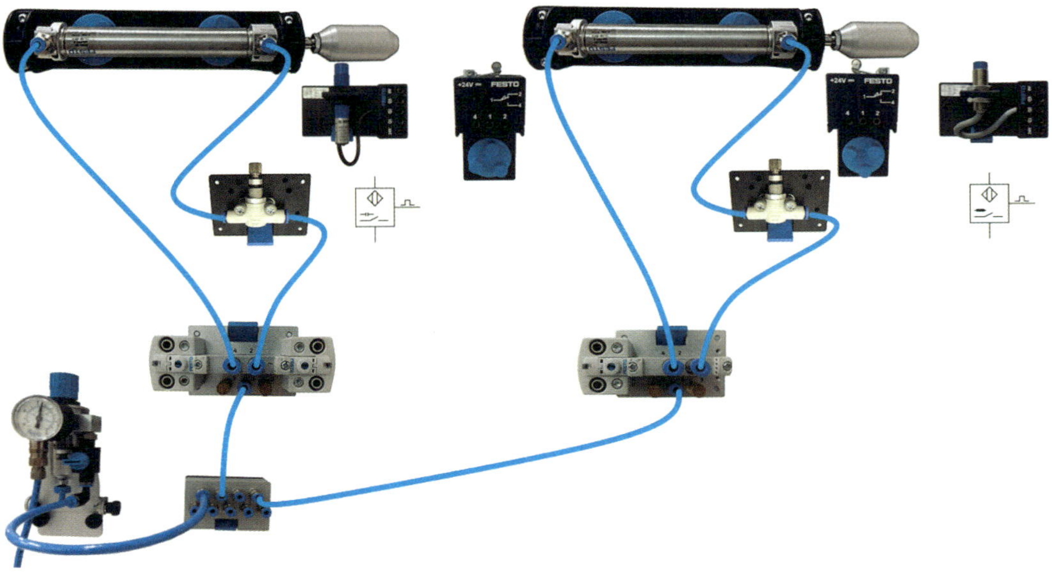

바. 전기 유지보수 회로도

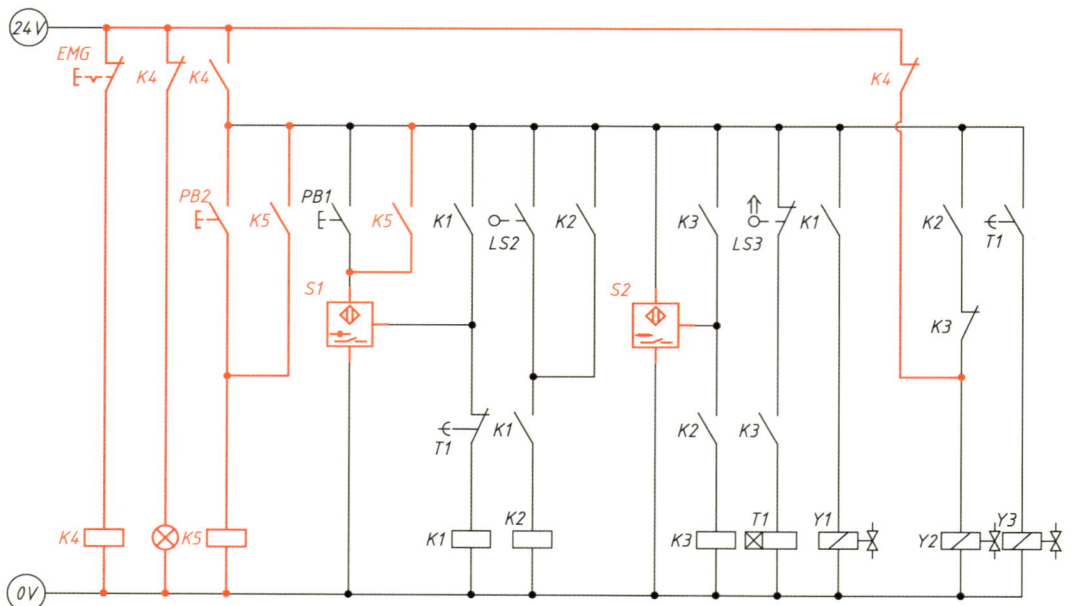

6 도면 ④

가. 공기압 회로도

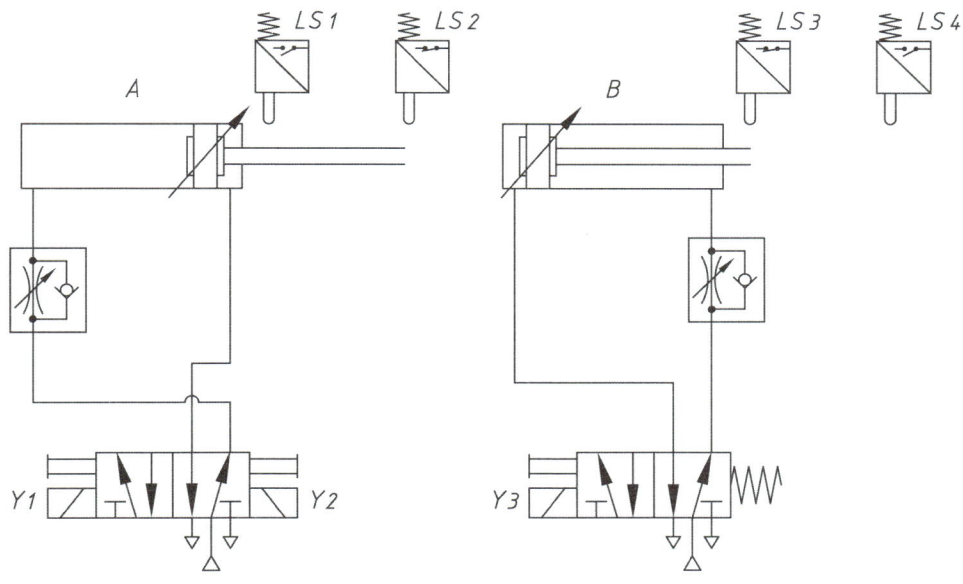

나. 변위단계선도

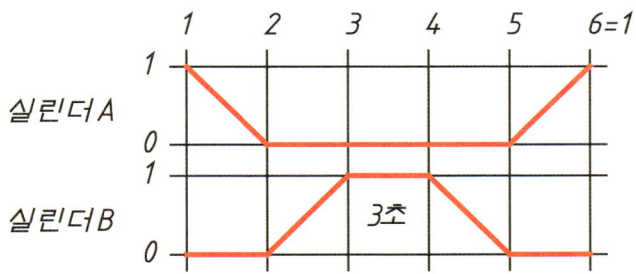

Ⅵ. 공압 회로 구성 및 조립 145

다. 유지보수 계획

1) 연속 스위치(PB2), 카운터 리셋 스위치(PB3), 램프를 추가하여 다음과 같이 동작하도록 회로를 변경하시오.
   ① PB2를 1회 ON-OFF하면, 기본동작을 3회 연속동작한 후 정지합니다.
   ② PB3를 1회 ON-OFF하면, 카운터가 리셋됩니다.
   ③ 카운터 리셋 후 PB2를 1회 ON-OFF하면, 연속동작이 재동작합니다.
   ④ 연속동작을 수행하는 동안 램프1이 점등되고, 동작 완료 후 소등됩니다.
2) 리밋 스위치 LS2은 정전용량형 센서로, LS3은 유도형 센서로 교체한 후 변위단계 선도와 같은 동작을 수행할 수 있도록 회로를 변경하시오.

라. 기본동작 전기 회로도

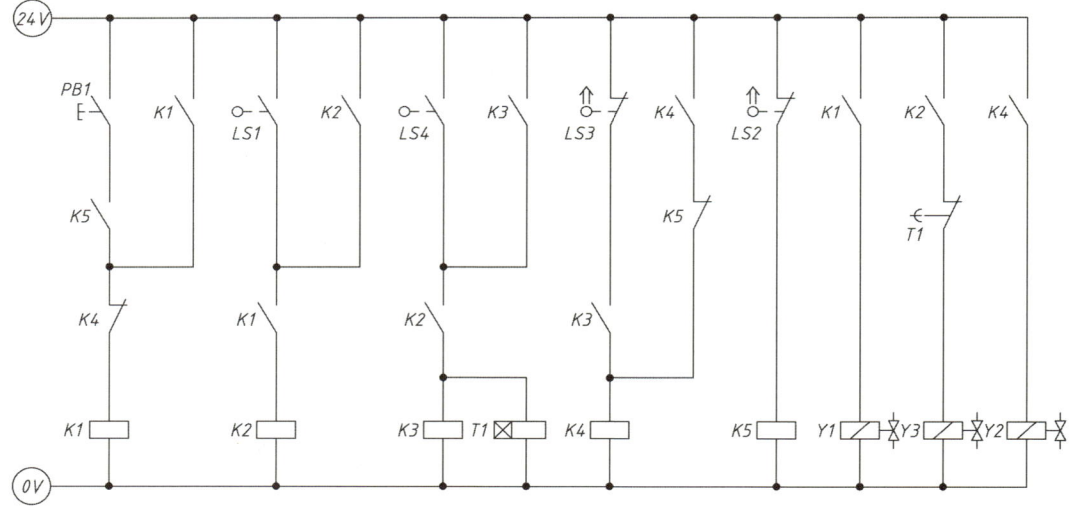

마. 공기압 유지보수 회로도

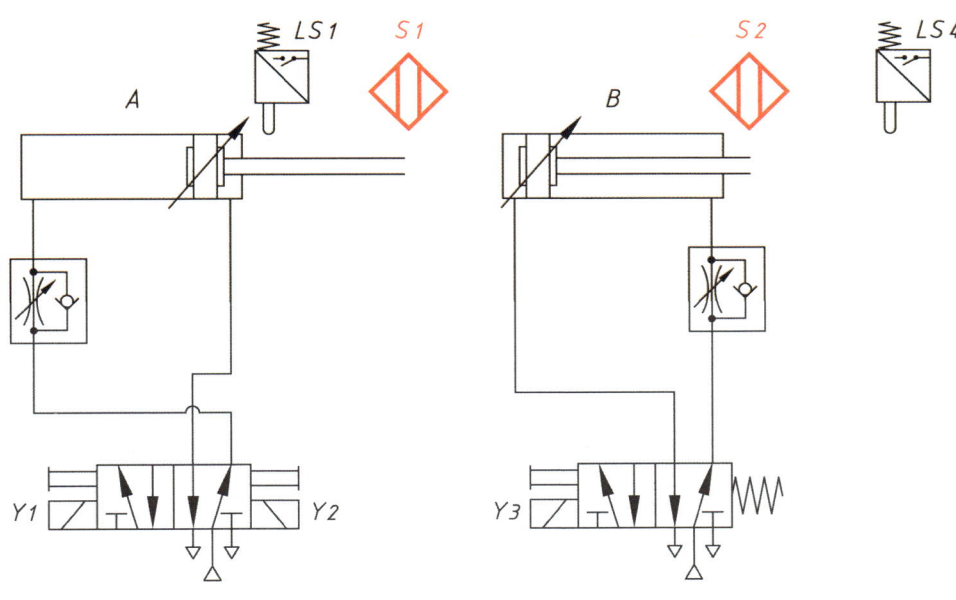

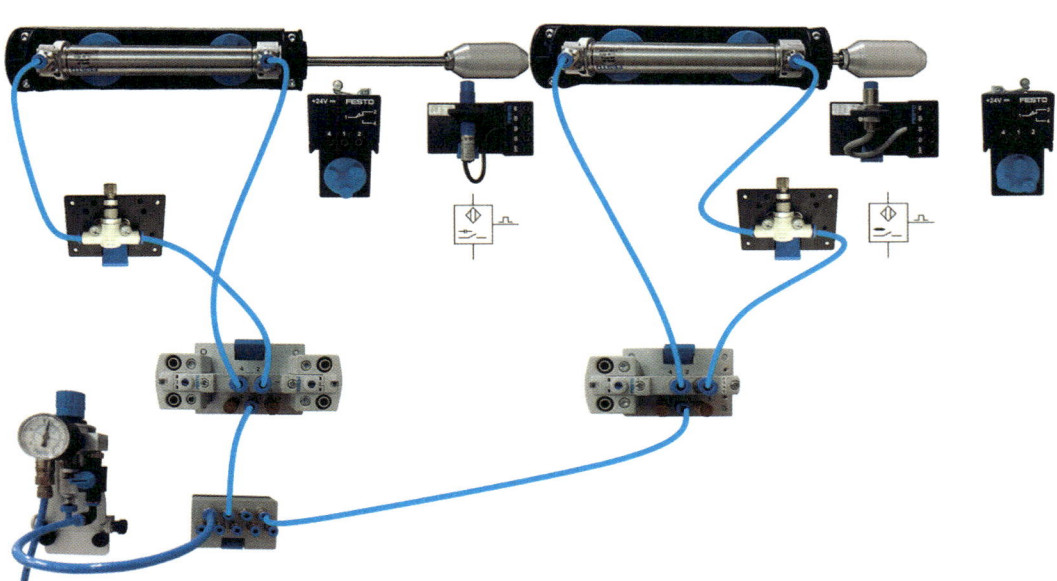

바. 전기 유지보수 회로도

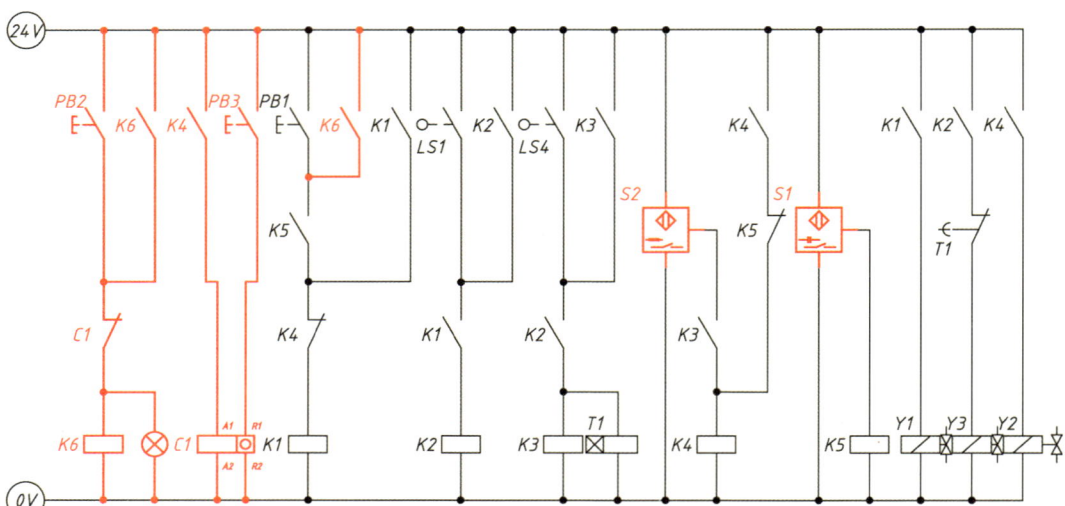

7 도면 ⑤

가. 공기압 회로도

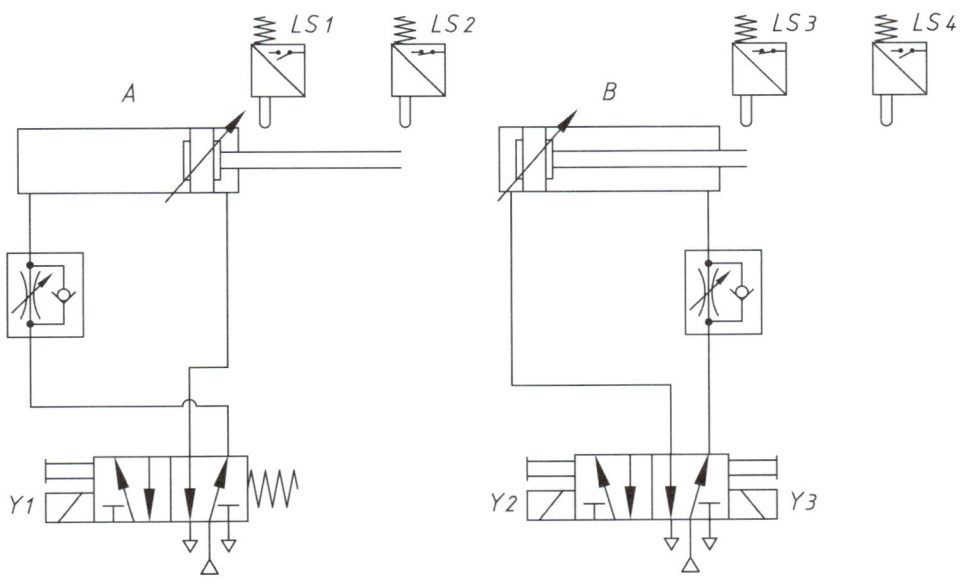

나. 변위단계선도

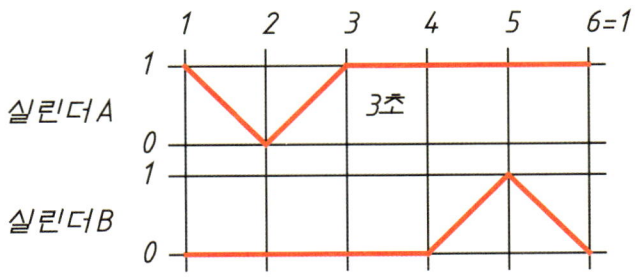

다. 유지보수 계획

1) 연속 스위치(PB2), 카운터 리셋 스위치(PB3), 램프를 추가하여 다음과 같이 동작하도록 회로를 변경하시오.
   ① PB2를 1회 ON-OFF하면, 기본동작을 3회 연속동작한 후 정지합니다.
   ② PB3를 1회 ON-OFF하면, 카운터가 리셋됩니다.
   ③ 카운터 리셋 후 PB2를 1회 ON-OFF하면, 연속동작이 재동작합니다.
   ④ 연속동작을 수행하는 동안 램프1이 점등되고, 동작 완료 후 소등됩니다.
2) 실린더 A의 방향제어 밸브를 양측 솔레노이드 밸브로 교체한 후 변위단계선도와 같은 동작을 수행할 수 있도록 회로를 변경하시오.

라. 기본동작 전기 회로도

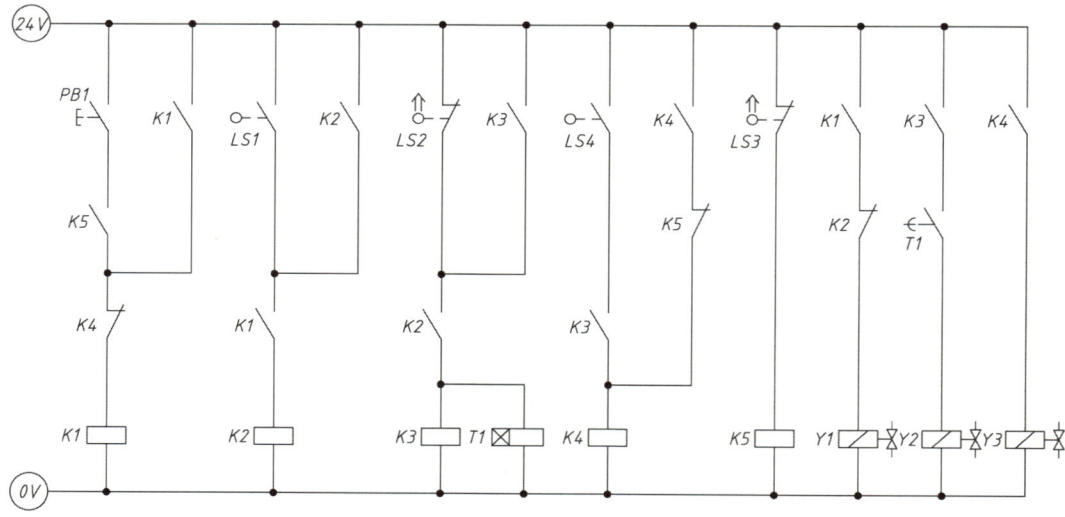

마. 공기압 유지보수 회로도

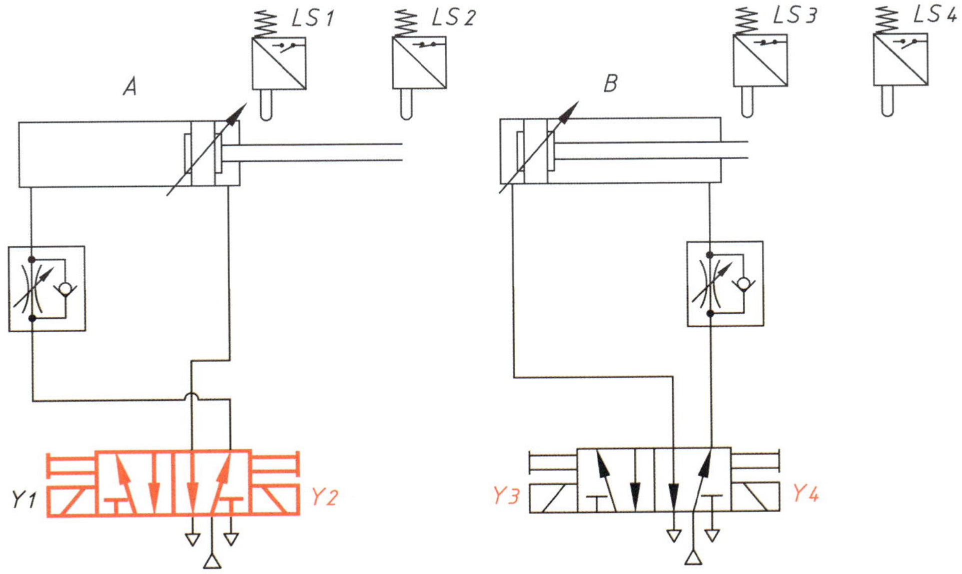

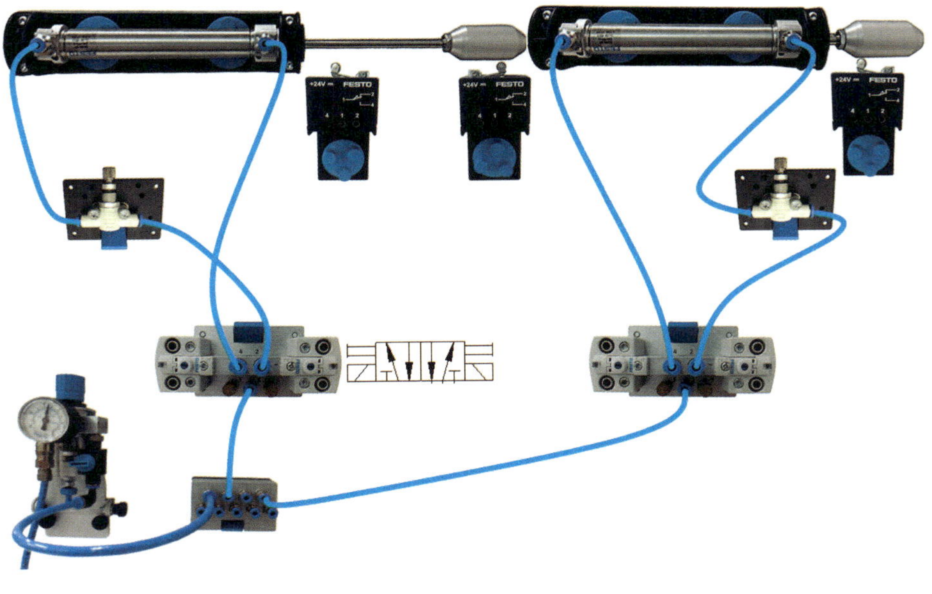

바. 전기 유지보수 회로도

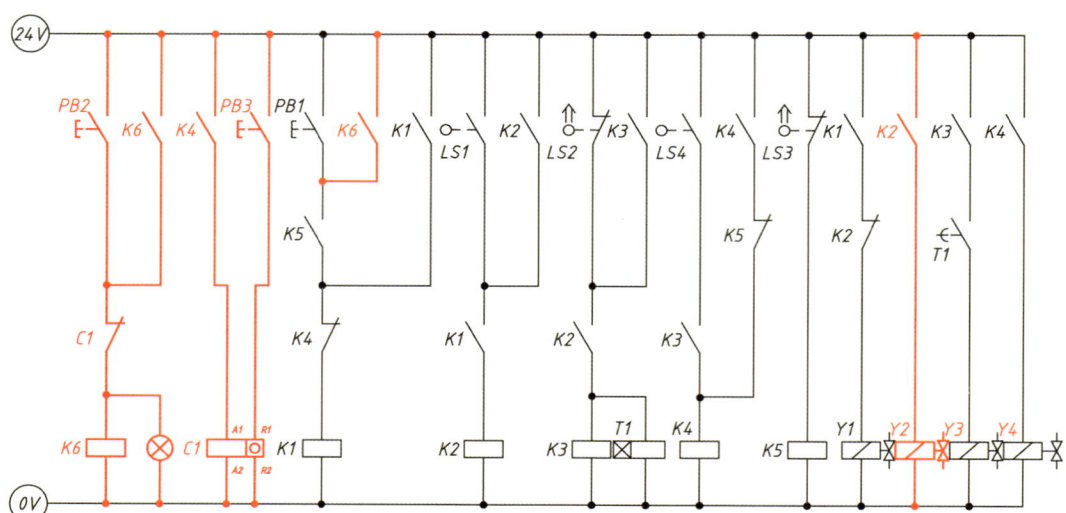

8 도면 ⑥

가. 공기압 회로도

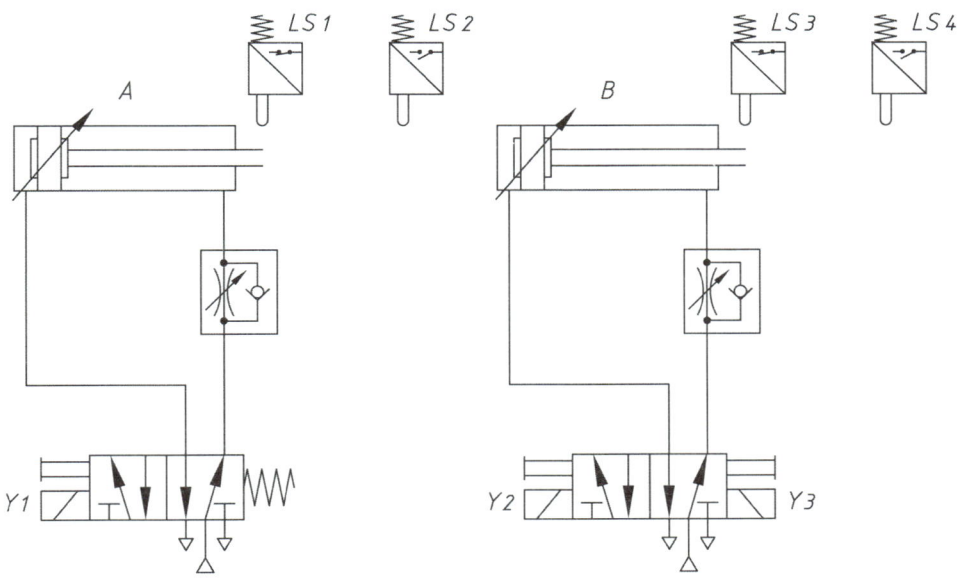

나. 변위단계선도

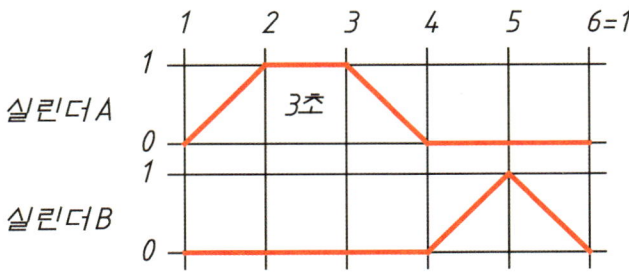

다. 유지보수 계획

1) 연속 스위치(PB2), 비상정지 스위치(유지형 스위치 사용 가능), 램프를 추가하여 다음과 같이 동작하도록 회로를 변경하시오.
   ① PB2를 1회 ON-OFF하면, 기본동작이 연속적으로 동작합니다.
   ② 연속동작 중 비상정지 스위치를 ON하면, 모든 실린더는 후진하며 램프가 점등됩니다.
   ③ 비상정지 스위치를 OFF하면, 램프는 소등되고 시스템은 초기화됩니다.
   ④ 초기화 후 PB2를 1회 ON-OFF하면, 연속동작이 재동작합니다.
2) 실린더 A의 방향제어 밸브를 양측 솔레노이드 밸브로 교체한 후 변위단계선도와 같은 동작을 수행할 수 있도록 회로를 변경하시오.

라. 기본동작 전기 회로도

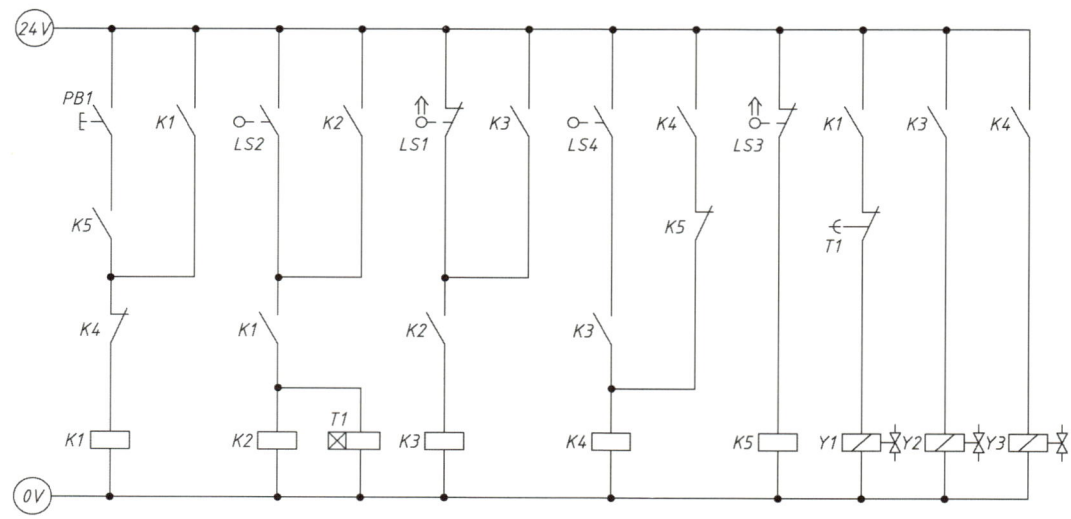

마. 공기압 유지보수 회로도

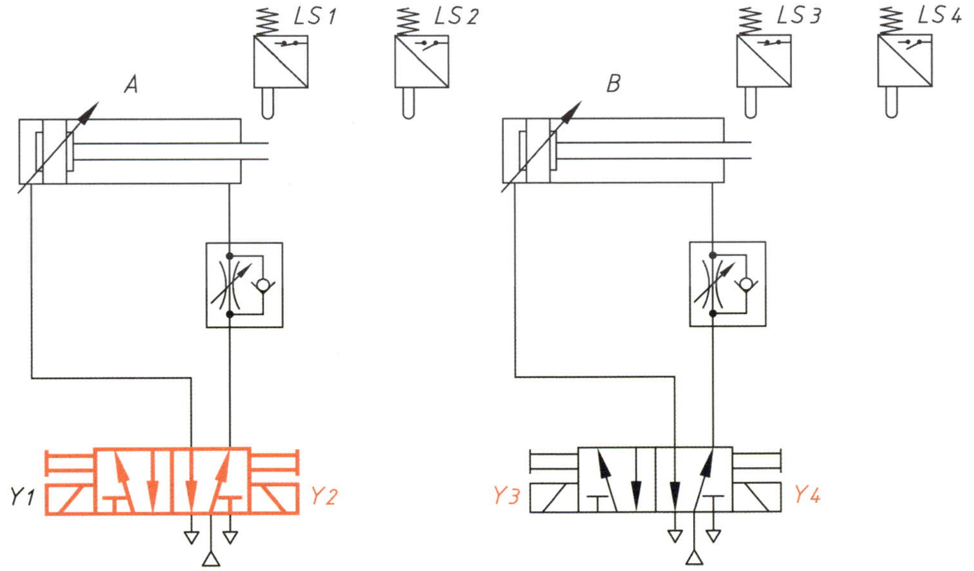

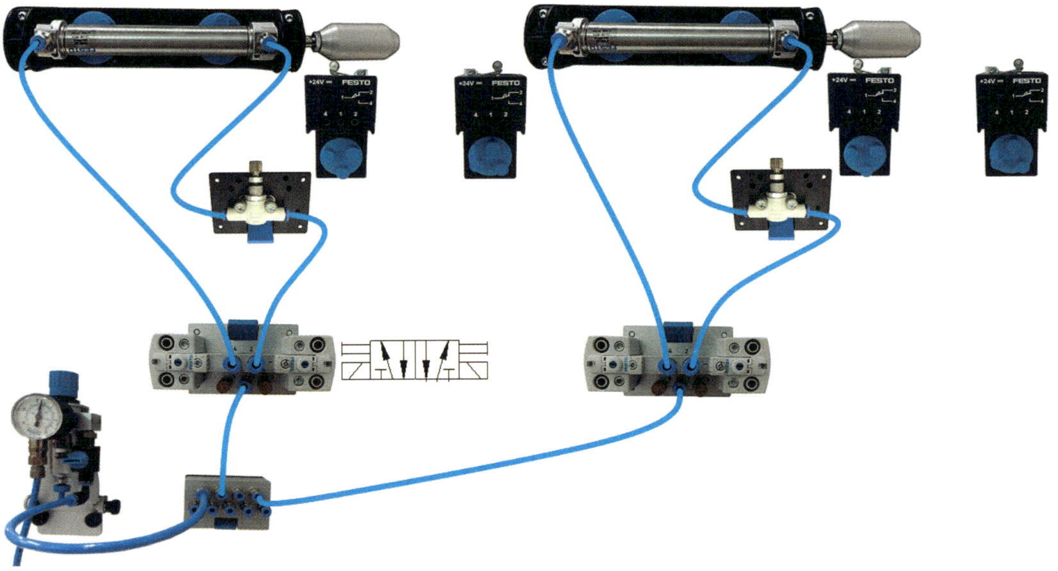

바. 전기 유지보수 회로도

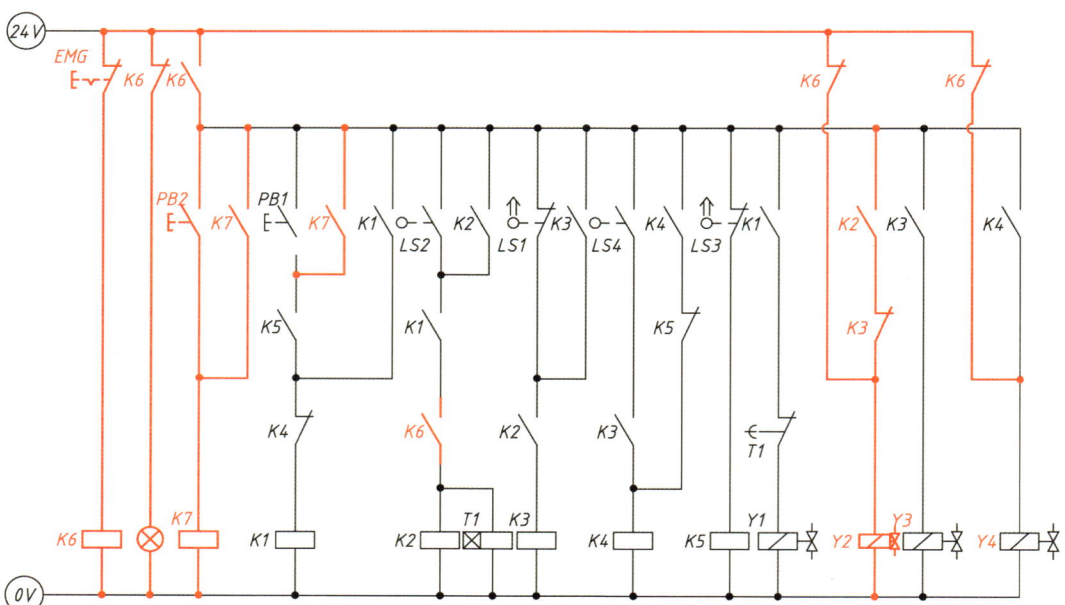

도면 ⑦

가. 공기압 회로도

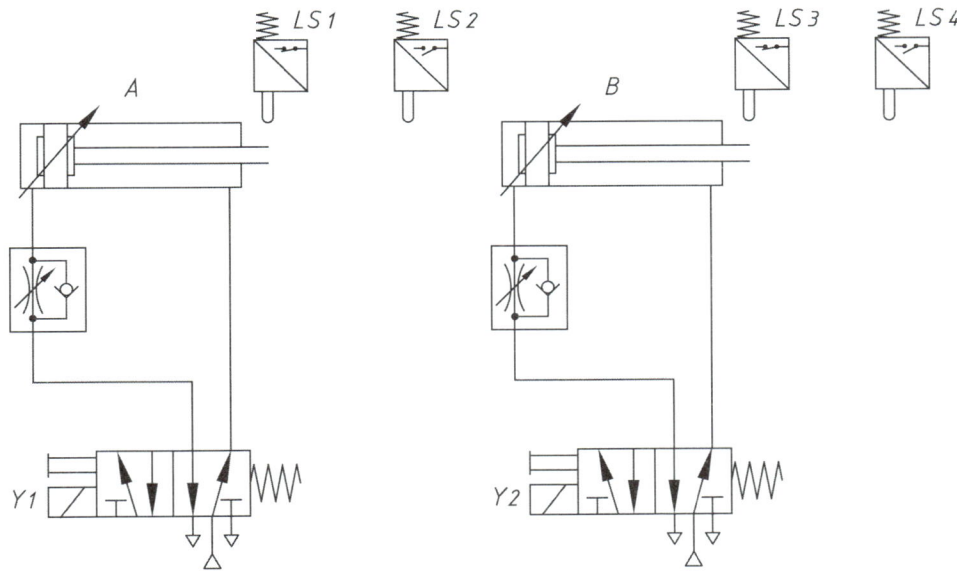

나. 변위단계선도

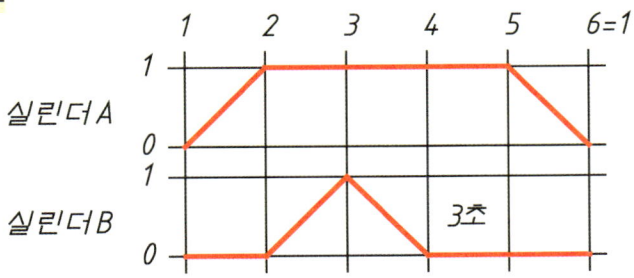

다. 유지보수 계획

1) 연속 스위치(PB2), 비상정지 스위치(유지형 스위치 사용 가능), 램프를 추가하여 다음과 같이 동작하도록 회로를 변경하시오.
    ① PB2를 1회 ON-OFF하면, 기본동작이 연속적으로 동작합니다.
    ② 연속동작 중 비상정지 스위치를 ON하면, 모든 실린더는 후진하며 램프가 점등됩니다.
    ③ 비상정지 스위치를 OFF하면, 램프는 소등되고 시스템은 초기화됩니다.
    ④ 초기화 후 PB2를 1회 ON-OFF하면, 연속동작이 재동작합니다.
2) 실린더 B의 방향제어 밸브를 양측 솔레노이드 밸브로 교체한 후 변위단계선도와 같은 동작을 수행할 수 있도록 회로를 변경하시오.

라. 기본동작 전기 회로도

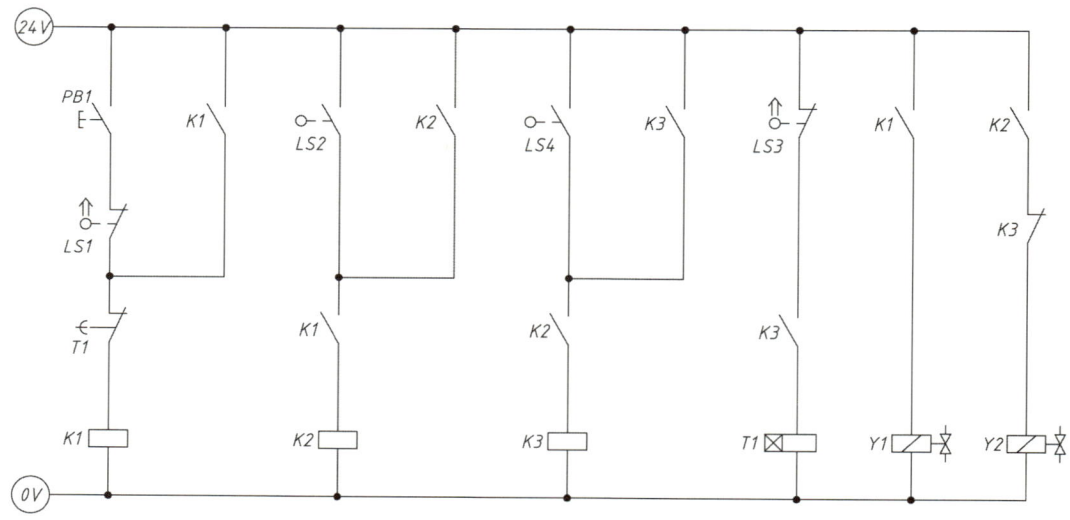

마. 공기압 유지보수 회로도

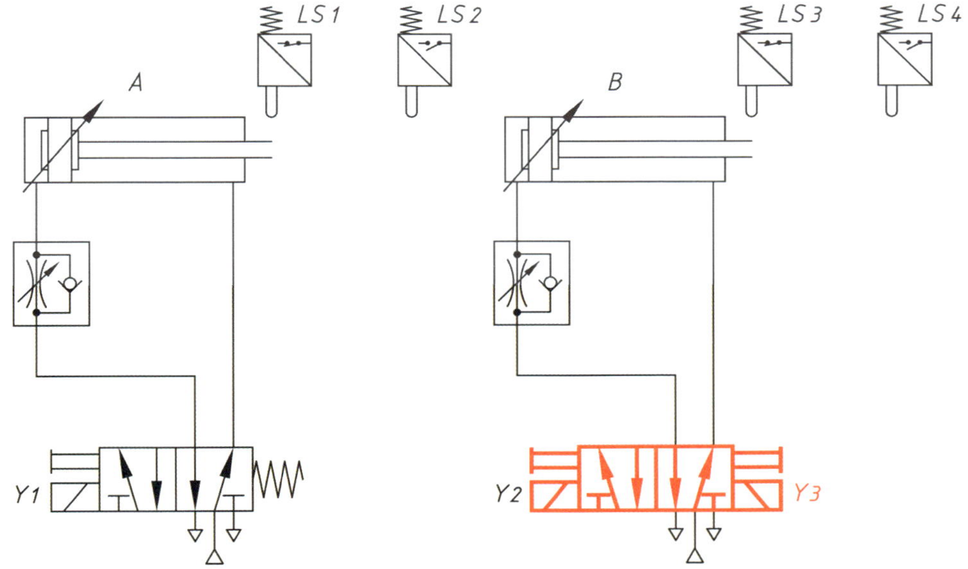

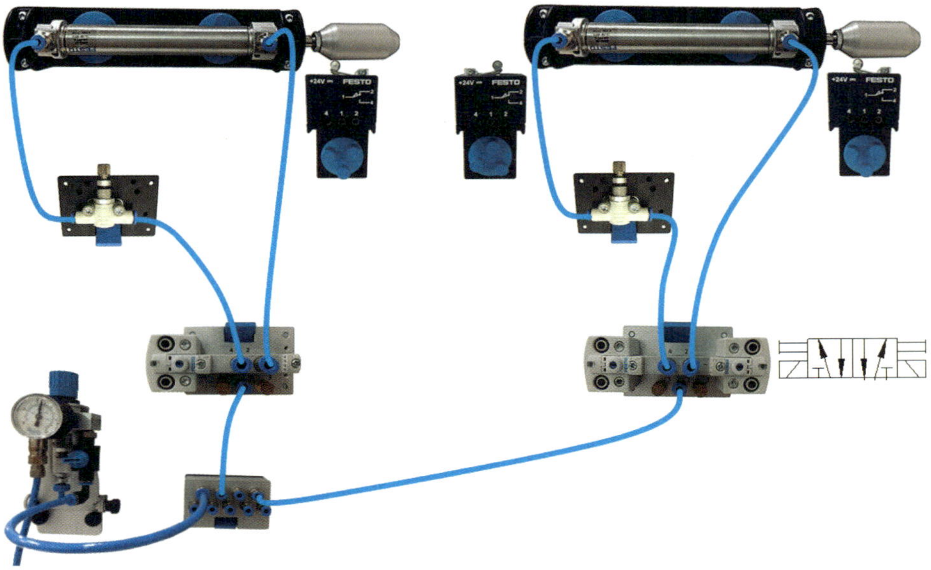

바. 전기 유지보수 회로도

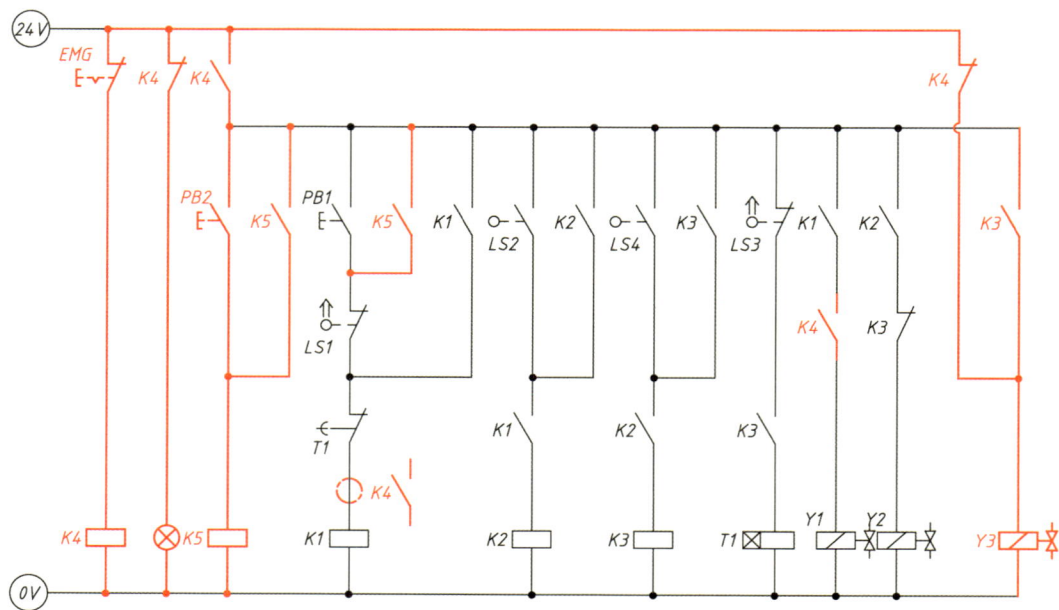

※ 주 : [K4 A 접점 미삽입 시] LS3 동작 후 비상정지 스위치를 조작 시 모든 실린더는 후진하나, '온 딜레이 릴레이' B 접점 Reset 전 빠르게 비상정지 스위치를 해제할 경우 재동작이 이루어짐(재동작 방지)

10 도면 ⑧

가. 공기압 회로도

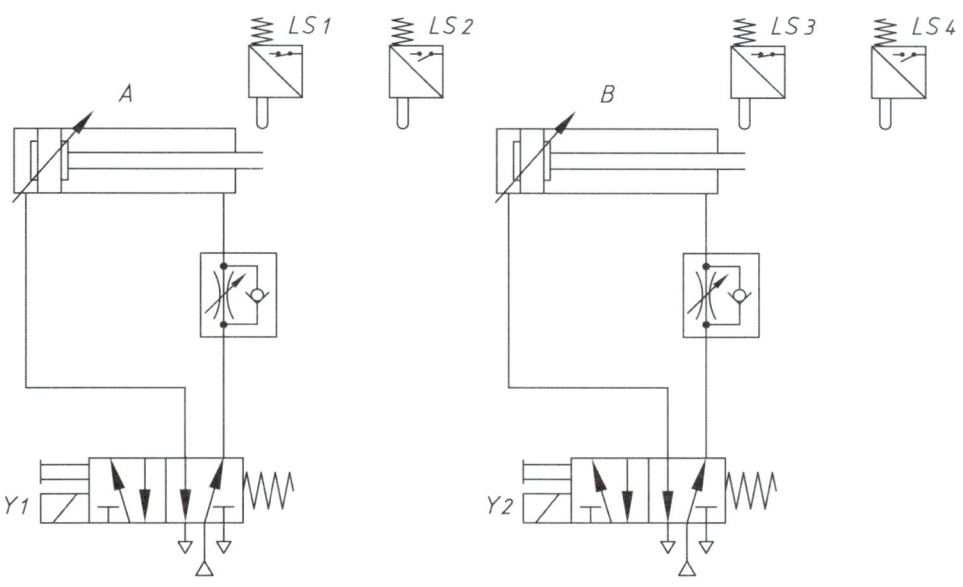

나. 변위단계선도

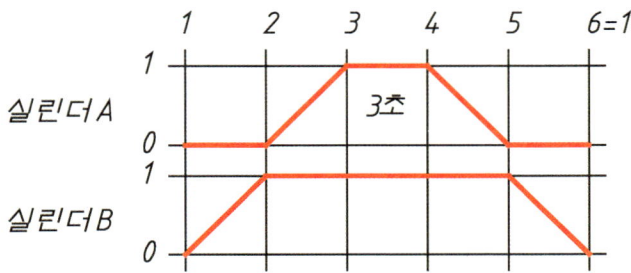

다. 유지보수 계획

1) 연속 스위치(PB2), 비상정지 스위치(유지형 스위치 사용 가능), 램프를 추가하여 다음과 같이 동작하도록 회로를 변경하시오.
   ① PB2를 1회 ON-OFF하면, 기본동작이 연속적으로 동작합니다.
   ② 연속동작 중 비상정지 스위치를 ON하면, 모든 실린더는 후진하며 램프가 점등됩니다.
   ③ 비상정지 스위치를 OFF하면, 램프는 소등되고 시스템은 초기화됩니다.
   ④ 초기화 후 PB2를 1회 ON-OFF하면, 연속동작이 재동작합니다.
2) 실린더 B의 방향제어 밸브를 양측 솔레노이드 밸브로 교체한 후 변위단계선도와 같은 동작을 수행할 수 있도록 회로를 변경하시오.

라. 기본동작 전기 회로도

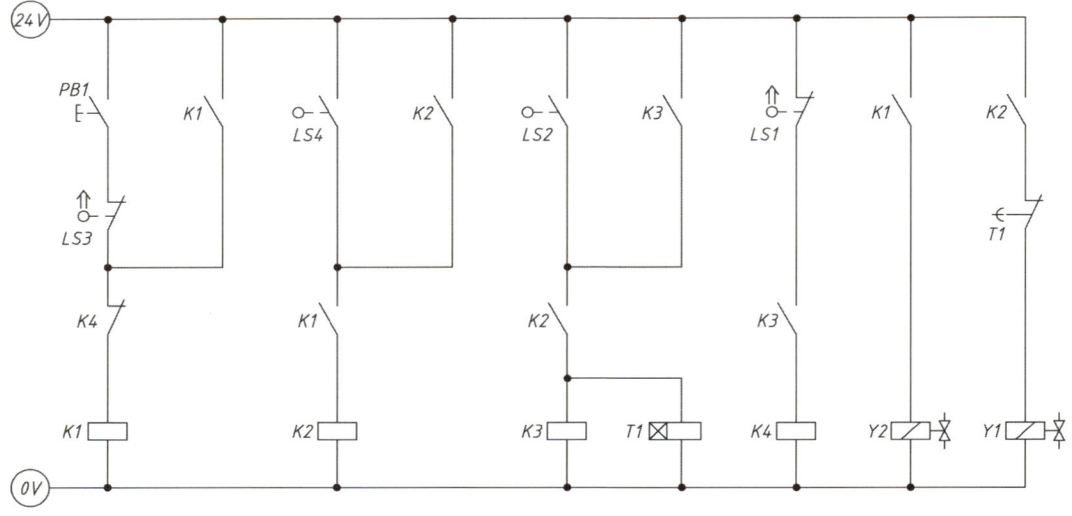

마. 공기압 유지보수 회로도

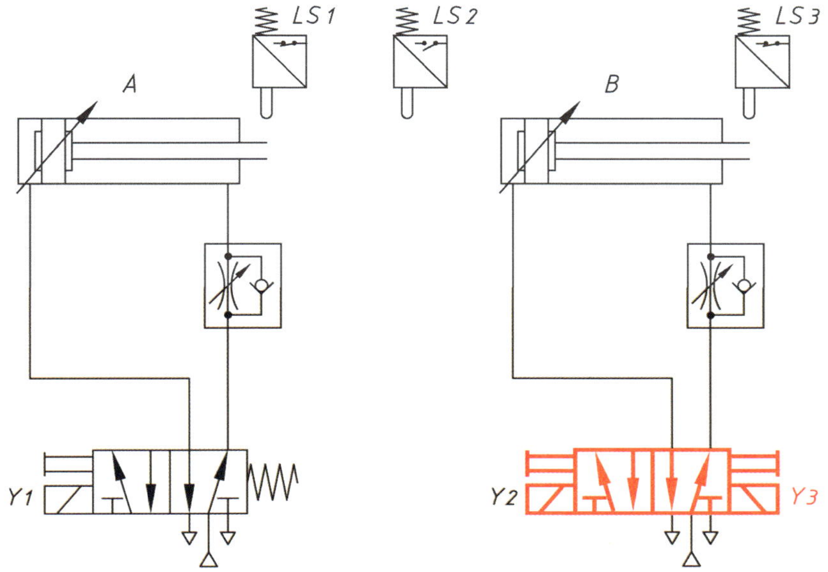

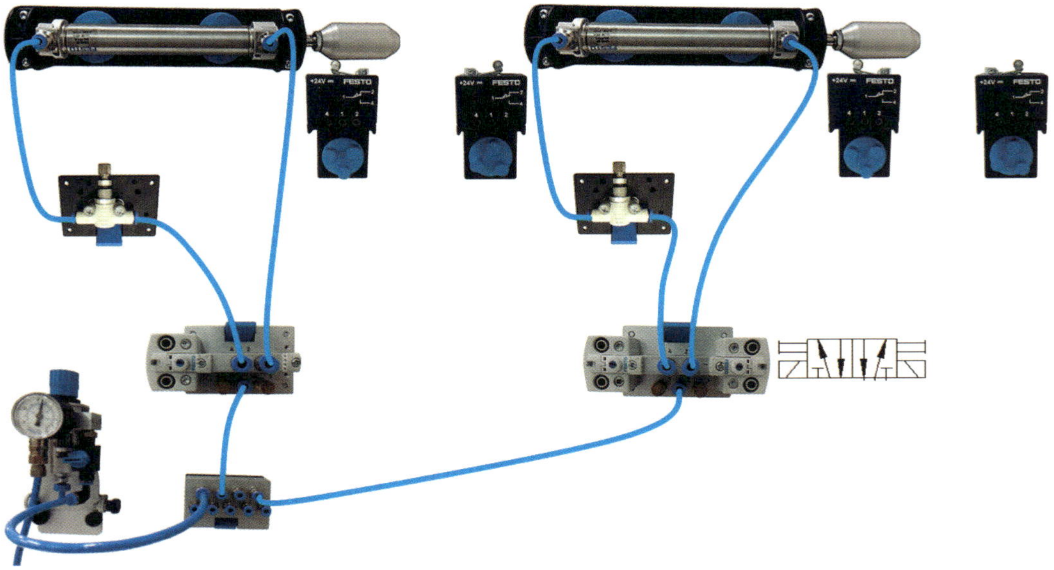

바. 전기 유지보수 회로도

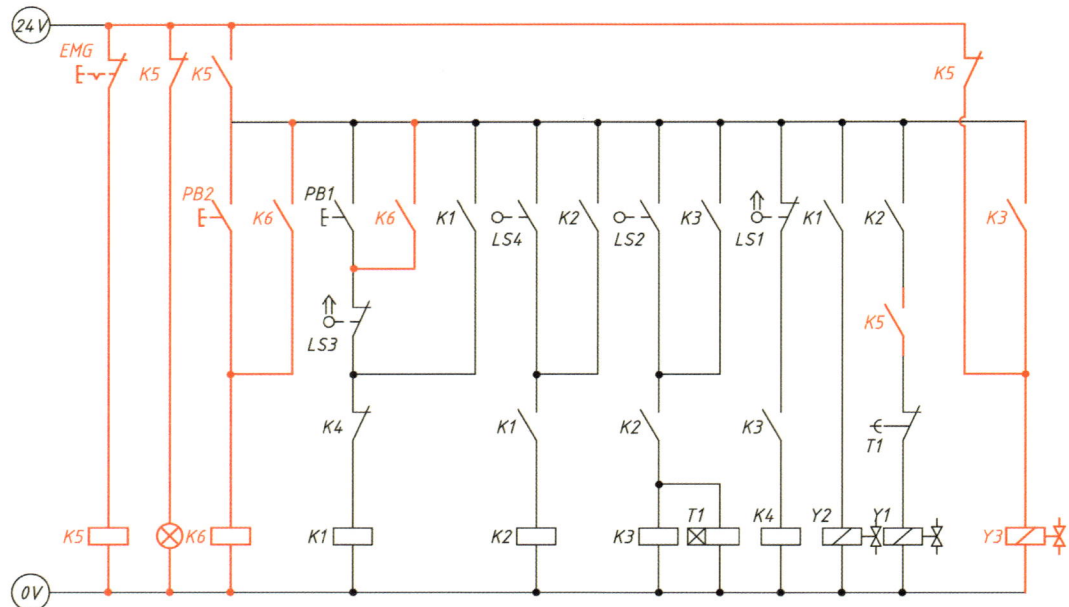

Ⅶ. 유압 회로 구성 및 조립

▶ 설비보전산업기사 유압시스템 설계 및 구성 ◀

※ 시험시간: [제2과제] 50시간

1 요구사항

※ 지급된 재료 및 시설을 사용하여 아래 작업을 완성하시오.
※ 한 번 제출한 작품의 재작업은 허용되지 않습니다.

가. 유압 회로도 구성

1) 유압 회로도와 같이 기기를 선정하여 고정판에 배치하시오.
   가) 기기는 수평 또는 수직 방향으로 수험자가 임의로 배치하고, 리밋 스위치는 방향성을 고려하여 설치하시오.
2) 유압 호스를 사용하여 기기를 연결하시오.
   가) 유압 호스가 시스템 동작에 영향을 주지 않도록 정리하시오.
3) 유압 회로 내 최고압력을 4±0.2MPa로 설정하시오.

나. 기본동작

1) PB1을 1회 ON-OFF하면 **변위단계선도**와 같이 1사이클 단속 동작되도록 전기회로도를 설계하여 시스템을 구성하고 시험감독위원에게 확인받으시오.
   가) 전기 배선은 +는 적색으로, -는 청색 또는 흑색으로 연결하고, 전선이 시스템 동작에 영향을 주지 않도록 정리하시오.
   나) 지정되지 않은 누름버튼 스위치는 자동복귀형 스위치를 사용하시오.

다. 시스템 유지보수

1) 동작 확인 후 **유지보수 계획**과 같이 시스템을 변경하고 시험감독위원에게 확인받으시오.

라. 정리정돈

1) 평가 종료 후 작업한 자리의 부품 정리, 기름 제거, 유압 배관 정리, 전선 정리 등 모든 상태를 초기 상태로 정리하시오.

② 수험자 유의사항

※ 다음의 유의사항을 고려하여 요구사항을 완성하시오.
※ 작업형 과제별 배점은 [공기압시스템 설계 및 구성 30점, 유압시스템 설계 및 구성 30점, 가스 절단 및 용접 40점]이며, 이외 세부항목 배점은 비공개입니다.

1) 시험 시작 전 장비의 이상 유무를 확인합니다.
2) 시험 중 반드시 시험감독위원의 지시에 따라야 하며, 시험감독위원의 지시가 없는 한 시험장을 임의로 이탈할 수 없습니다.
3) 시험에 필요한 기기 이외의 부품이나 장비에 임의로 접촉하지 않도록 주의하시기 바랍니다.
4) 유압 배관의 제거는 공급 압력을 차단한 후 실시하시기 바랍니다.
5) 유압 펌프는 OFF 상태를 기본으로 하고, 회로 검증 등 필요한 경우에만 동작시키시기 바랍니다.
6) 유압 회로가 무부하 회로일 경우 압력 설정에 주의하시기 바랍니다.
7) 전기 합선 시에는 즉시 전원공급 장치의 전원을 차단하시기 바랍니다.
8) 실린더의 작동 부분에는 전선 및 호스가 접촉되지 않도록 주의하여야 합니다.
9) "기본동작 → 시스템 유지보수" 순서대로 시험감독위원에게 평가받습니다. (단, 각 동작의 평가는 전원이 유지된 상태에서 2회 이상 시도하여 동일하게 정상 동작이 되어야 하며, 1회만 동작하고 정상적으로 재동작하지 않으면 인정하지 않습니다.)
10) 평가 기회는 한 번만 부여되오니, 이점 유의하여 평가를 요청하시기 바랍니다. (단, 평가가 불명확하여 재확인이 필요한 경우 시험감독위원의 판단에 따라 다시 동작시킬 수 있습니다. 회로를 변경 또는 수정할 수 없고, 동작만 재시도 합니다.)
11) 평가 종료 후 정리정돈 상태에 따라 감점될 수 있음을 유의하시기 바랍니다.
12) 시험 중 작업복 및 안전보호구를 착용하여 안전수칙을 준수하여야 하며, 안전수칙 미준수로 인해 감점될 수 있음을 유의하시기 바랍니다. (단, 슬리퍼, 샌들 착용 등 복장이 작업에 부적합할 경우 응시가 불가능합니다.)

13) 다음 사항은 실격에 해당하여 채점 대상에서 제외됩니다.
  가) 수험자 본인이 수험 도중 시험에 대한 기권 의사를 표현하는 경우
  나) 실기시험 과정 중 1개 과정이라도 불참한 경우
  다) 시설·장비의 조작 또는 재료의 취급이 미숙하여 위해를 일으킬 것으로 시험감독위원 전원이 합의하여 판단한 경우
  라) 기능이 해당 등급 수준에 전혀 도달하지 못한 것으로 시험감독위원이 판단할 경우
  마) 부정행위를 한 경우
  바) 시험시간 내에 작품을 제출하지 못한 경우
  사) 유압 회로도와 다른 부품을 사용하거나 부품을 누락한 경우
  아) 기본동작이 변위단계선도와 일치하지 않는 경우

3 도면 ①

가. 유압 회로도

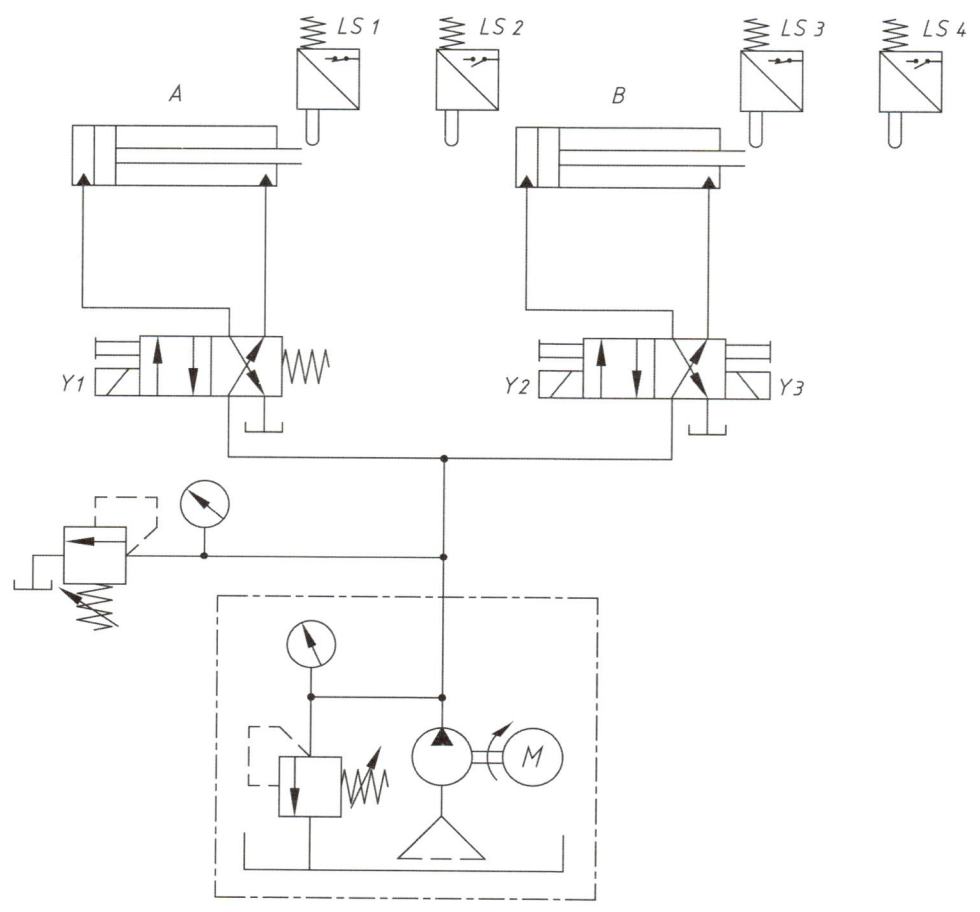

나. 변위단계선도

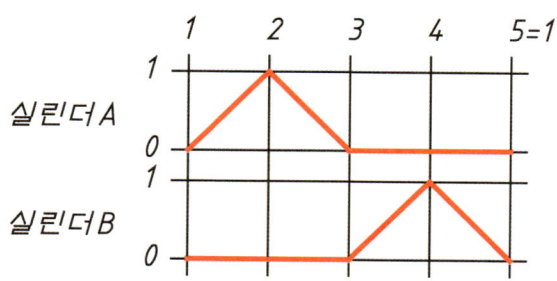

다. 유지보수 계획

1) 실린더 A 전진 시 일방향 유량조절밸브를 사용하여 미터인 회로를 구성하고, 실린더 로드 측에 카운터 밸런스 밸브와 압력계를 사용하여 자중낙하방지 회로를 구성하시오. (단, 속도는 약 50% 정도로, 압력은 3 ± 0.5MPa이 되도록 설정하시오.)
2) 실린더 B의 압력라인(P)에 감압밸브와 압력계를 설치하여 유압 회로도를 변경하고, 2차 측의 압력이 2 ± 0.5MPa이 되도록 조정하시오.
3) 유압유의 역류를 방지하기 위해 파워유닛의 토출구에 체크밸브를 추가하여 구성하시오.

라. 기본동작 전기 회로도

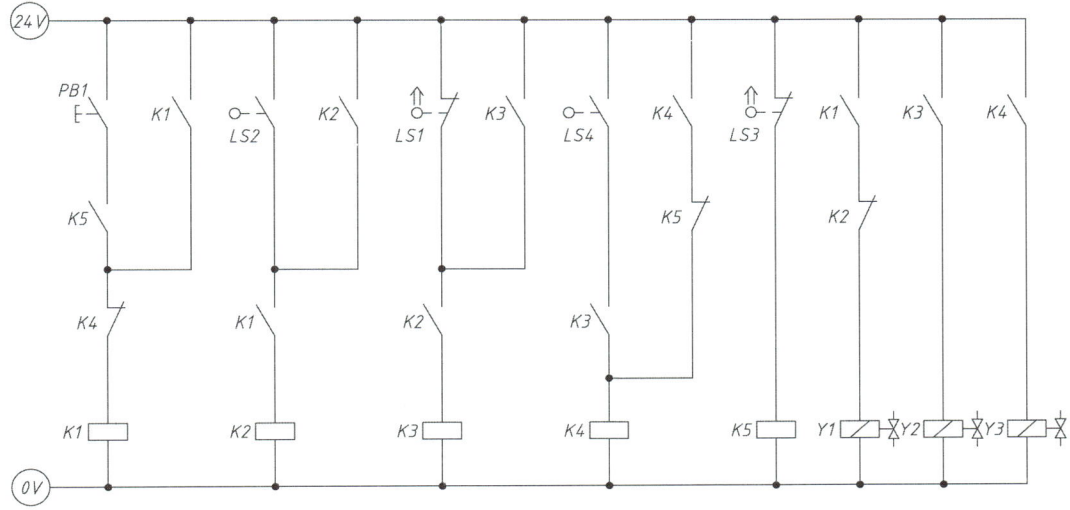

마. 유압 유지보수 회로도

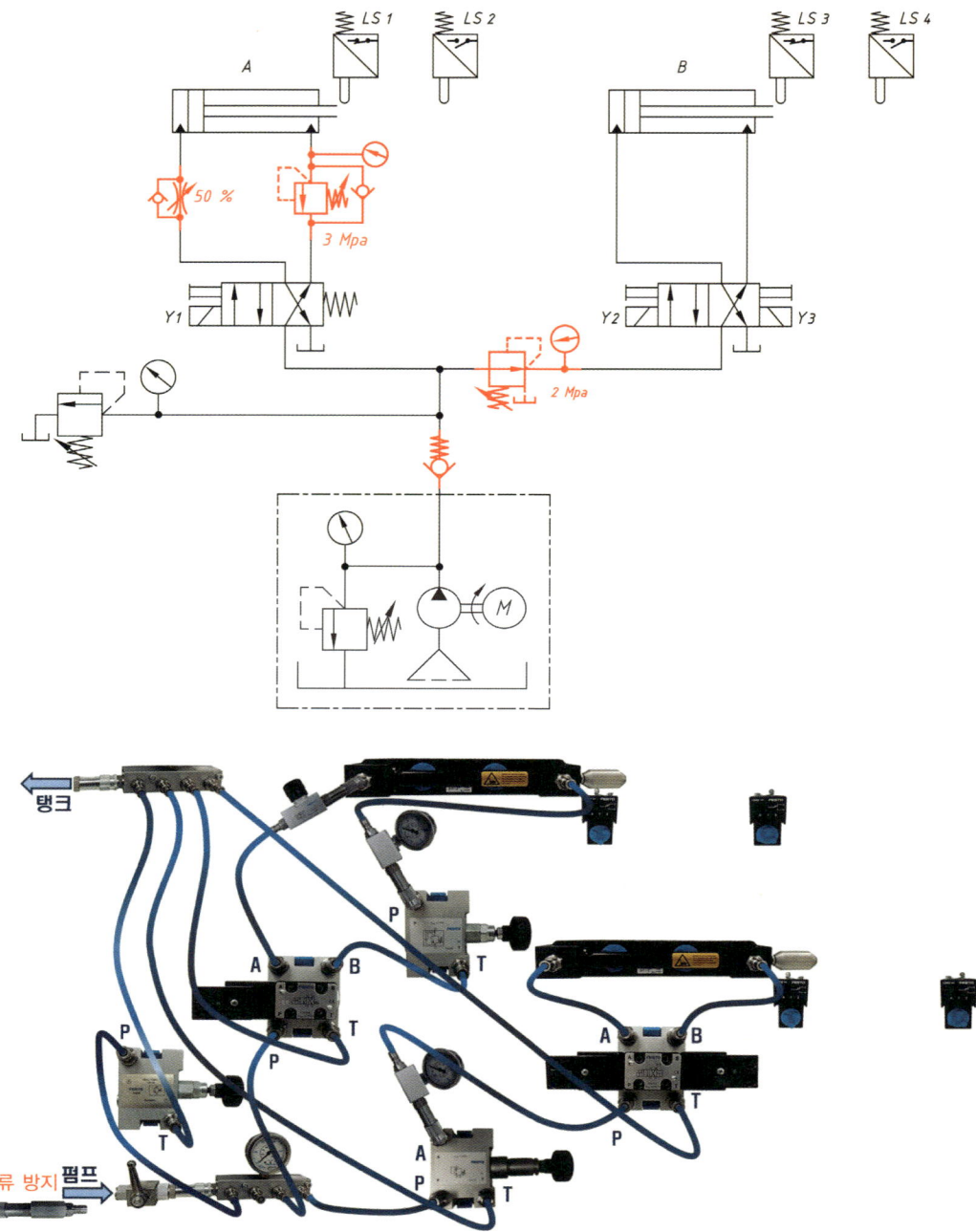

4 도면 ②

가. 유압 회로도

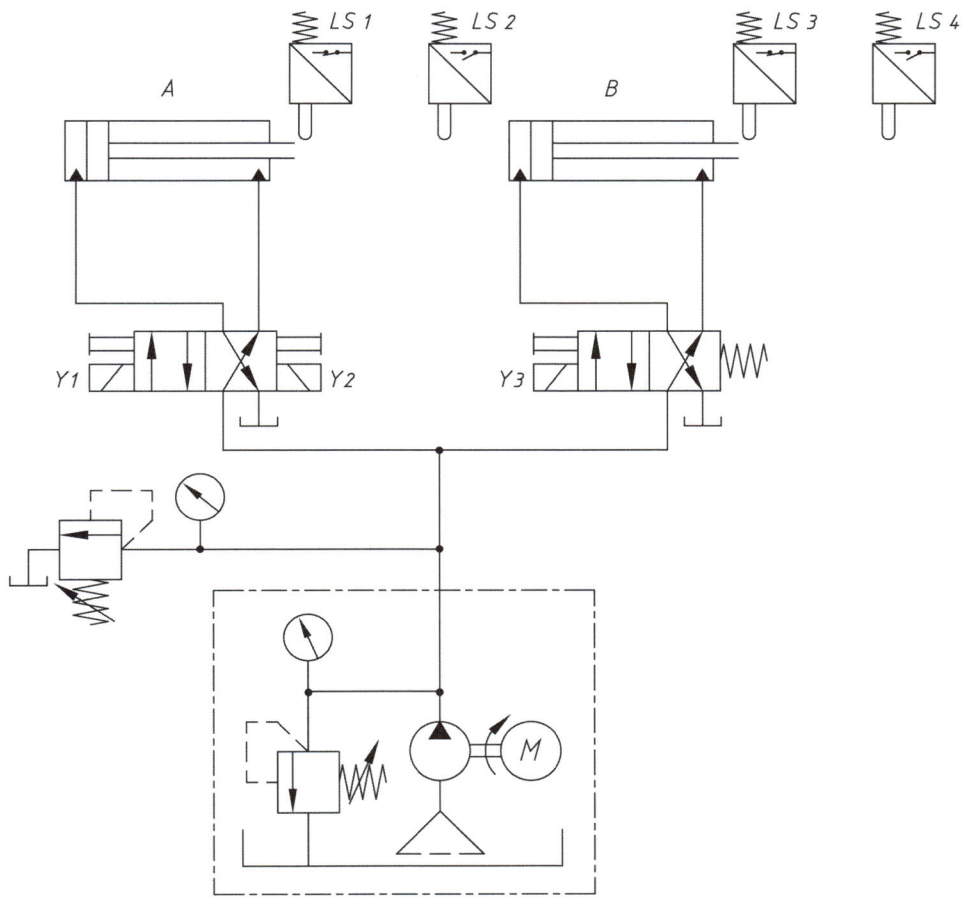

나. 변위단계선도

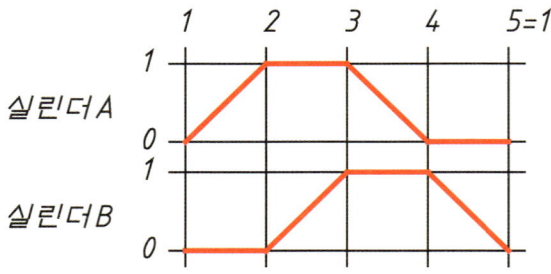

다. 유지보수 계획

1) 실린더 B 전진 시 일방향 유량조절밸브를 사용하여 미터인 회로를 구성하고, 실린더 로드 측에 카운터 밸런스 밸브와 압력계를 사용하여 자중낙하방지 회로를 구성하시오. (단, 속도는 약 50% 정도로, 압력은 3 ± 0.5MPa이 되도록 설정하시오.)
2) 실린더 A의 전진 속도가 제어되도록 블리드오프 회로를 구성하시오.
3) 유압유의 역류를 방지하기 위해 파워유닛의 토출구에 체크밸브를 추가하여 구성하시오.

라. 기본동작 전기 회로도

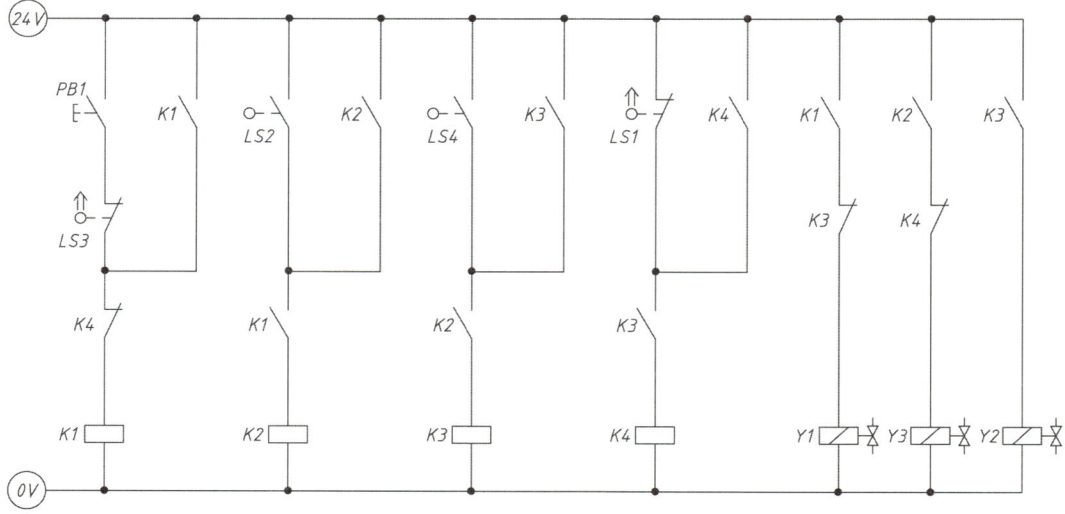

마. 유압 유지보수 회로도

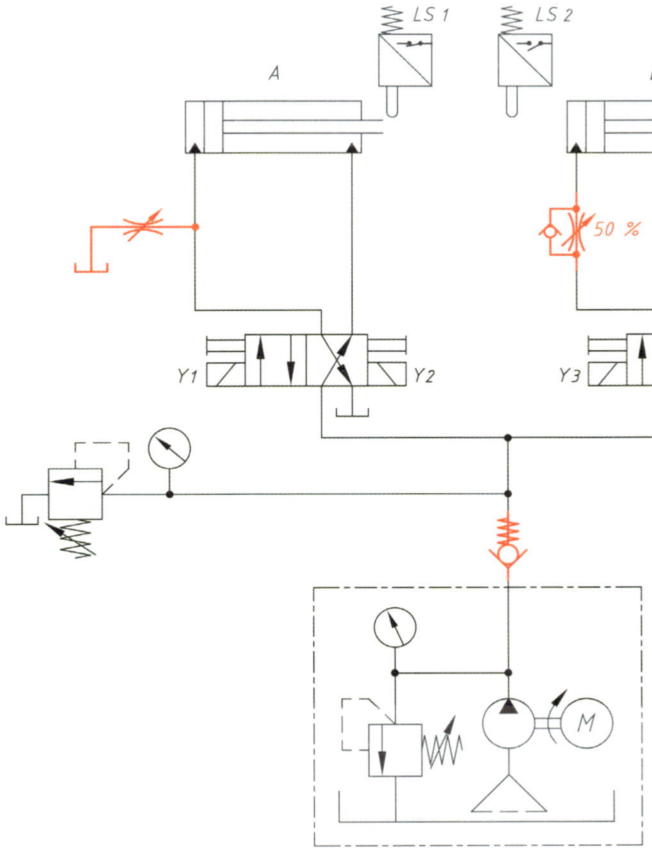

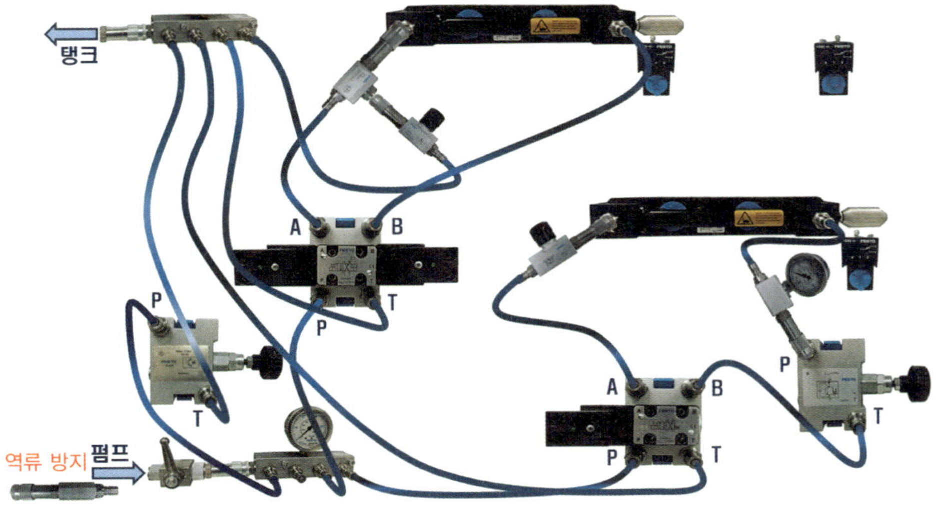

5 도면 ③

가. 유압 회로도

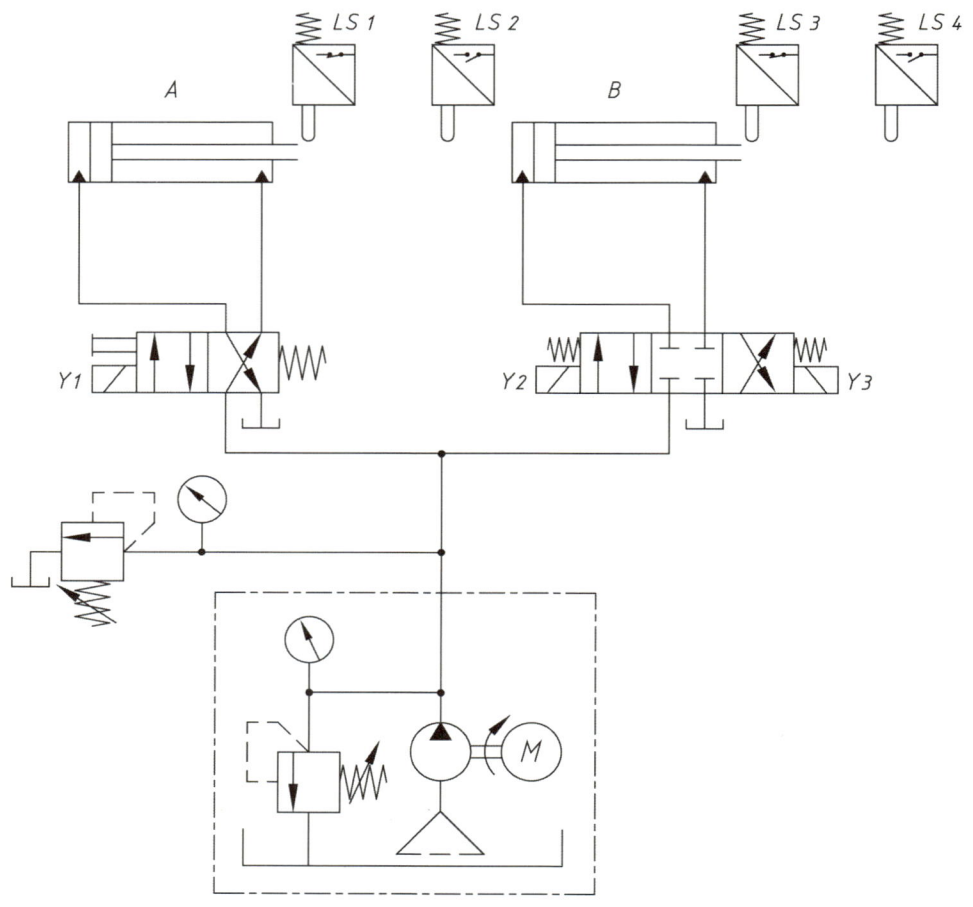

나. 변위단계선도

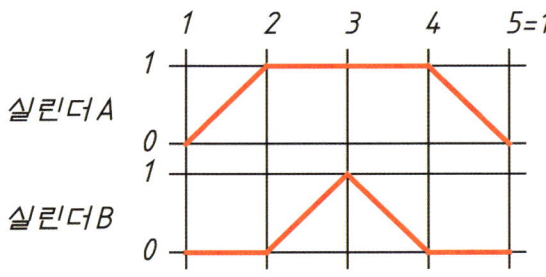

다. 유지보수 계획

1) 실린더 A 전진 시 일방향 유량조절밸브를 사용하여 미터인 회로를 구성하고, 실린더 로드 측에 카운터 밸런스 밸브와 압력계를 사용하여 자중낙하방지 회로를 구성하시오. (단, 속도는 약 50% 정도로, 압력은 3±0.5MPa이 되도록 설정하시오.)
2) 실린더 B의 방향제어밸브를 4포트 3위치 A-B-T 접속형 밸브로 교체하고, 로드 측에 파일럿 조작 체크 밸브를 사용하여 로킹회로가 되도록 변경하시오.
3) 실린더 B의 전·후진 속도가 제어되도록 공급라인에 양방향 유량조절밸브를 사용하여 회로를 구성하시오. (단, 속도는 약 50% 정도가 되도록 설정하시오.)

라. 기본동작 전기 회로도

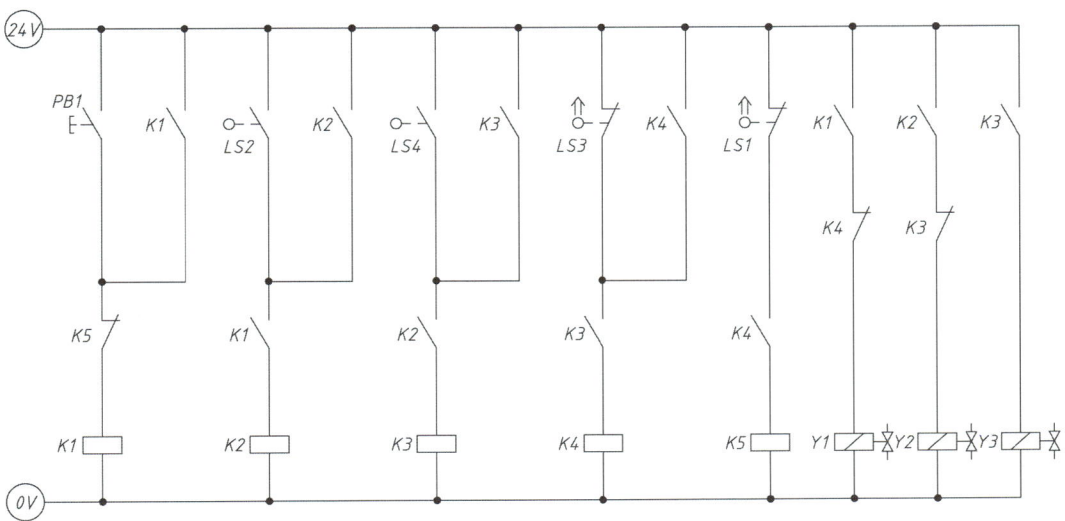

마. 유압 유지보수 회로도

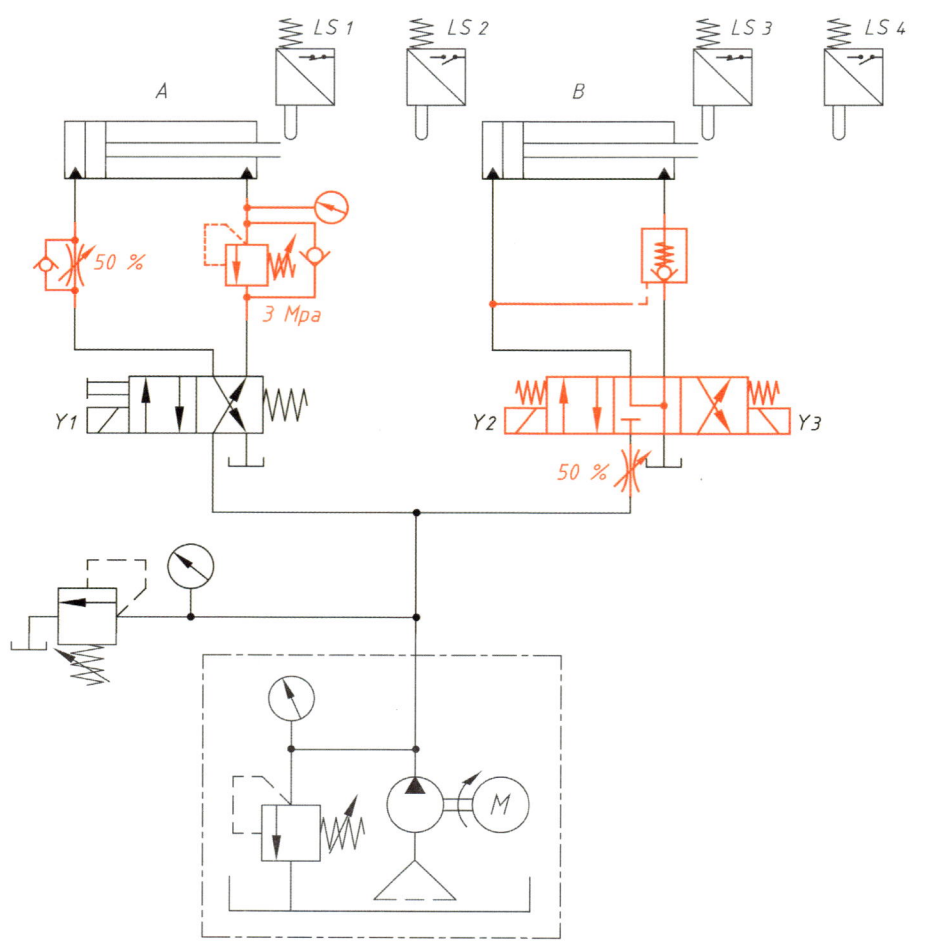

설.비.보.전.산.업.기.사.**실.기**

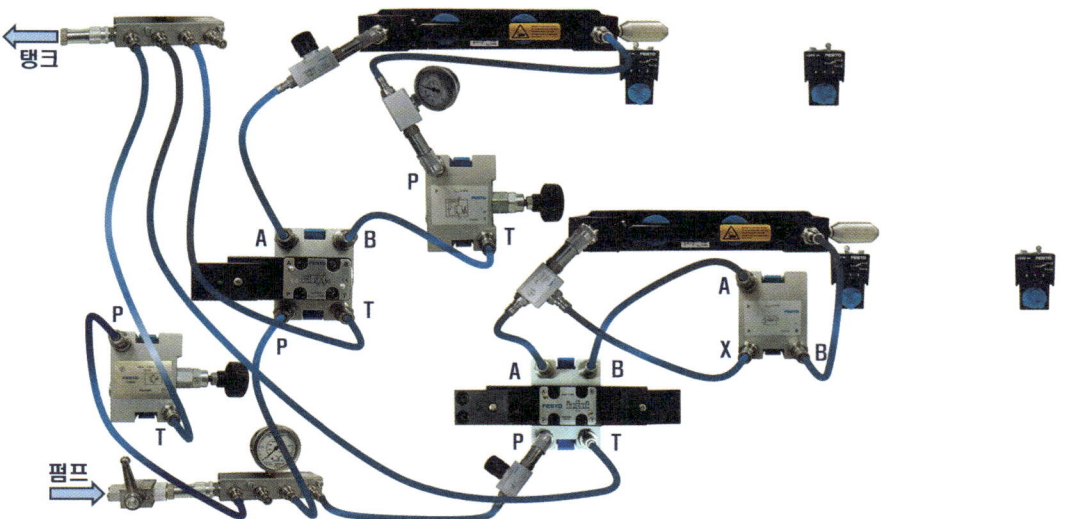

Ⅶ. 유압 회로 구성 및 조립 **177**

6 도면 ④

가. 유압 회로도

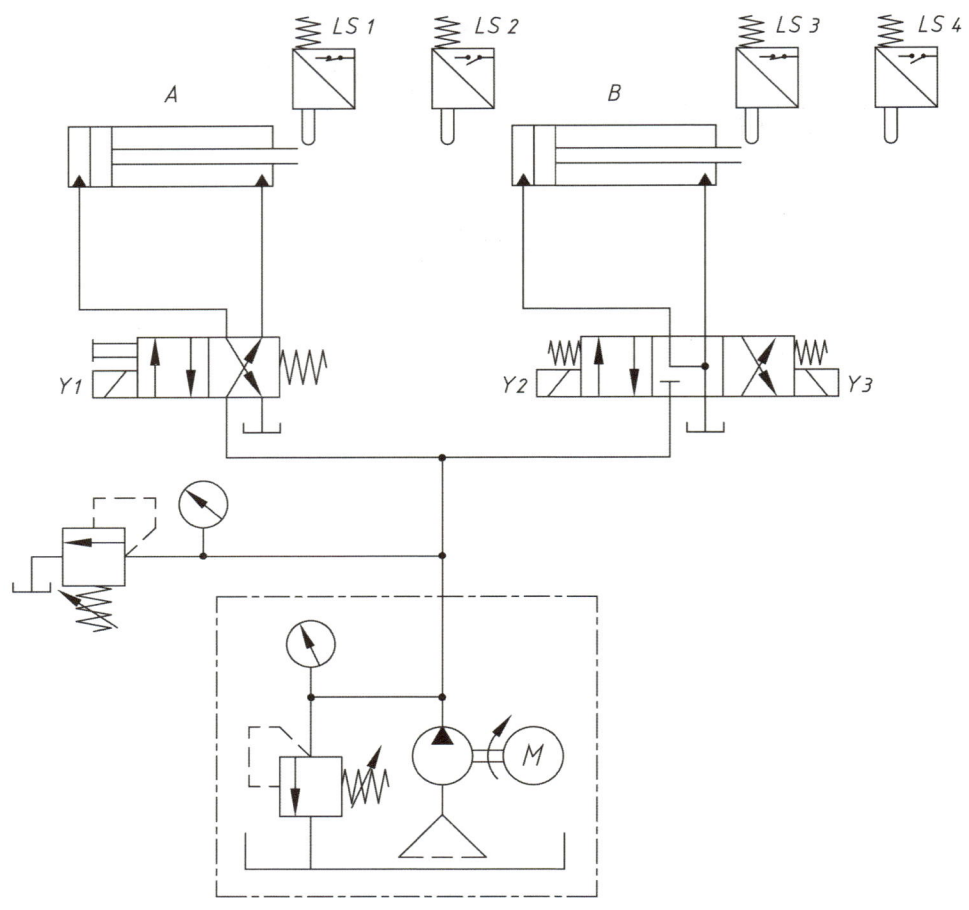

나. 변위단계선도

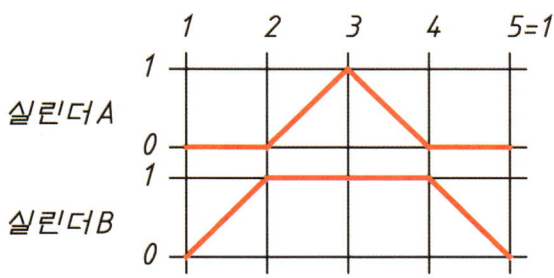

다. 유지보수 계획

1) 실린더 A 전진 시 일방향 유량조절밸브를 사용하여 미터인 회로를 구성하고, 실린더 로드 측에 카운터 밸런스 밸브와 압력계를 사용하여 자중낙하방지 회로를 구성하시오. (단, 속도는 약 50% 정도로, 압력은 3±0.5MPa이 되도록 설정하시오.)
2) 실린더 B의 압력라인(P)에 감압밸브와 압력계를 설치하여 유압 회로도를 변경하고, 2차 측의 압력이 2±0.5MPa이 되도록 조정하시오.
3) 유압유의 역류를 방지하기 위해 파워유닛의 토출구에 체크밸브를 추가하여 구성하시오.

라. 기본동작 전기 회로도

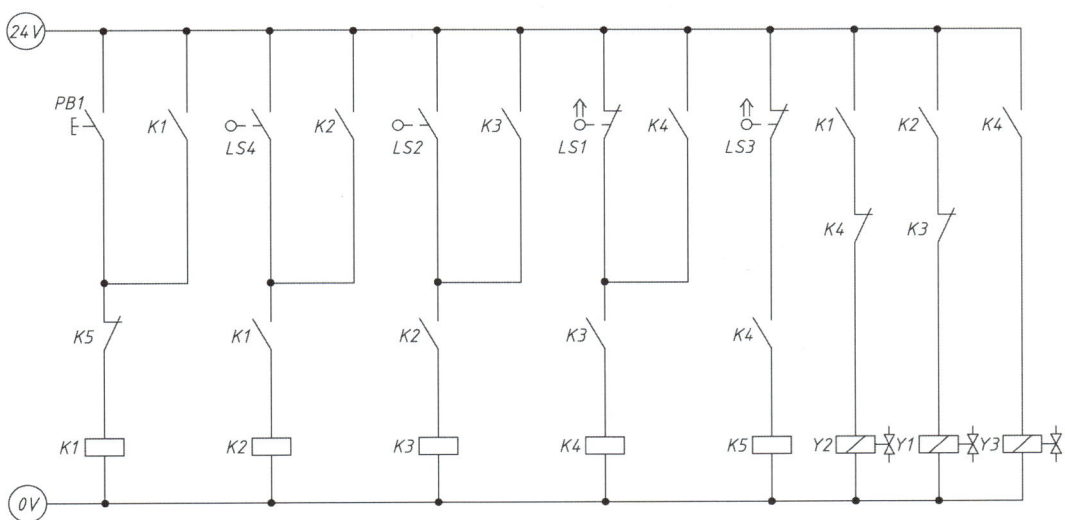

마. 유압 유지보수 회로도

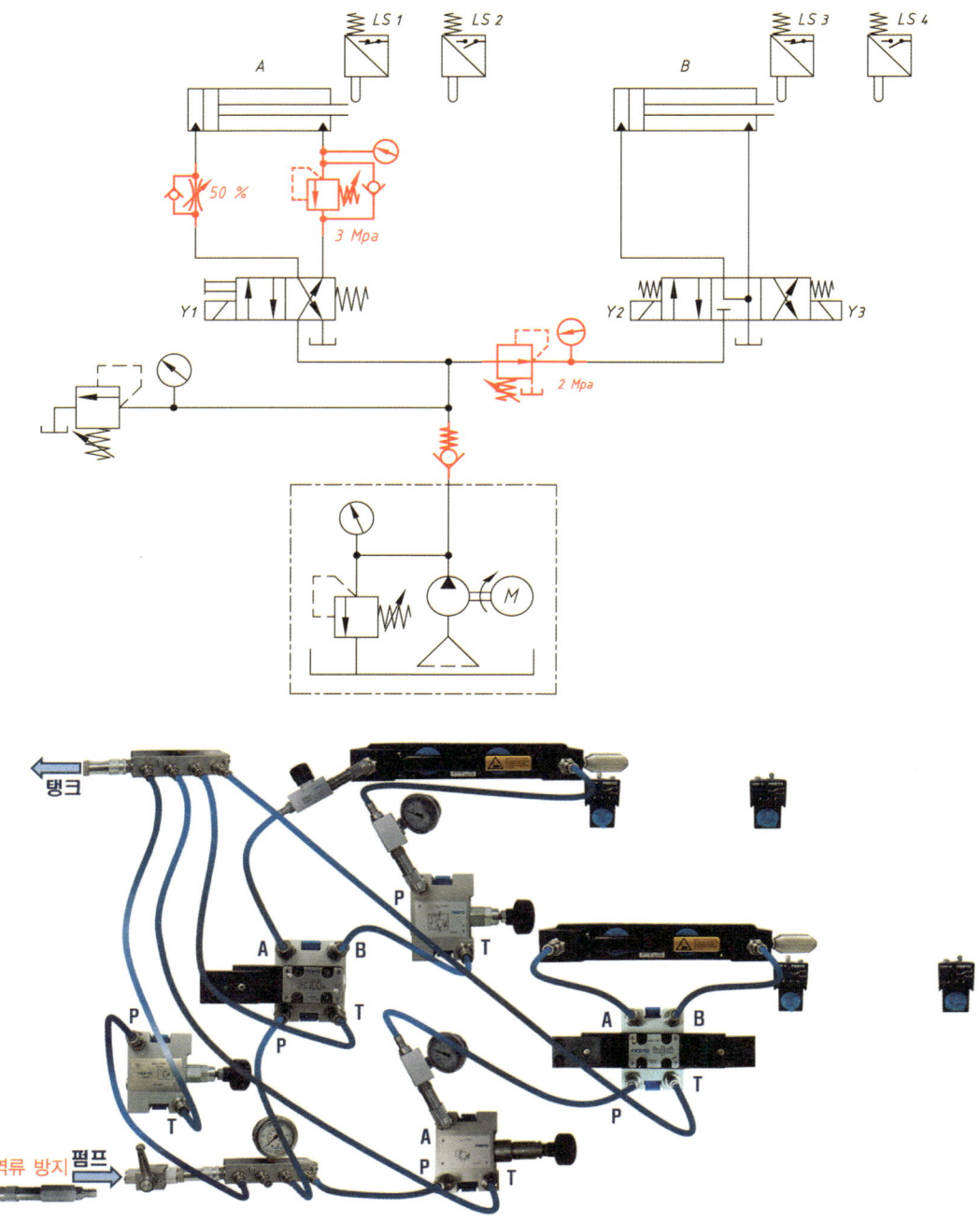

7 도면 ⑤

가. 유압 회로도

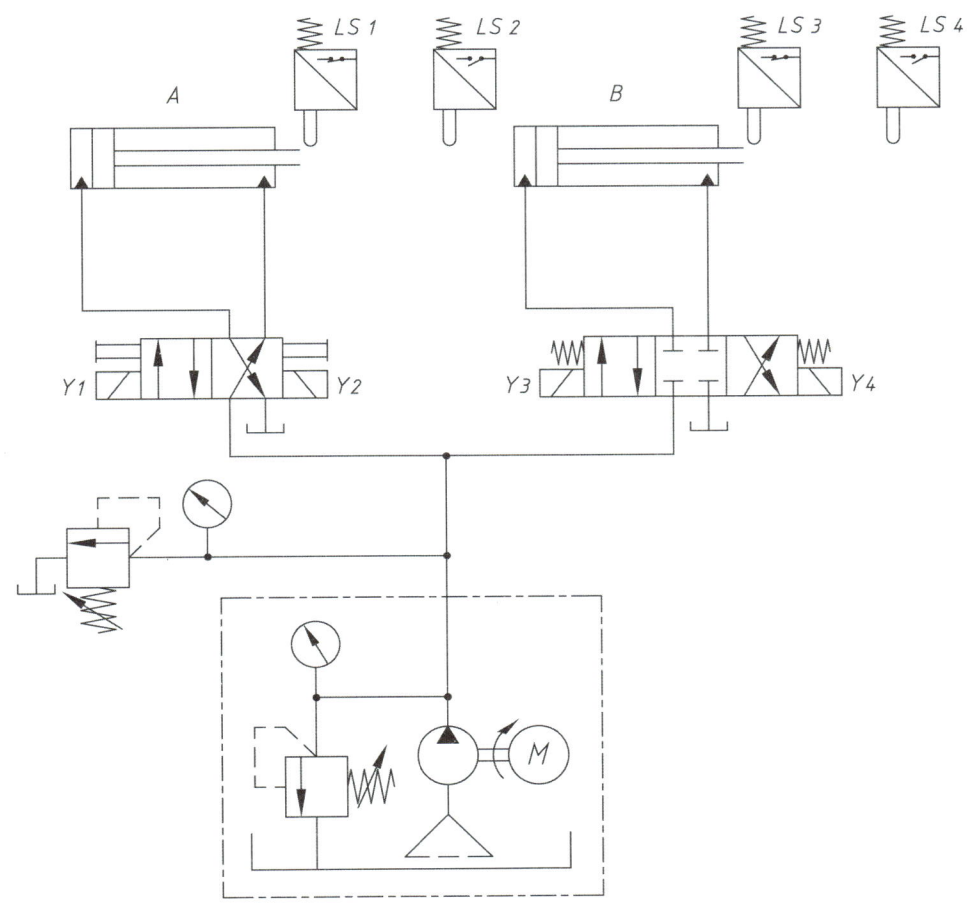

나. 변위단계선도

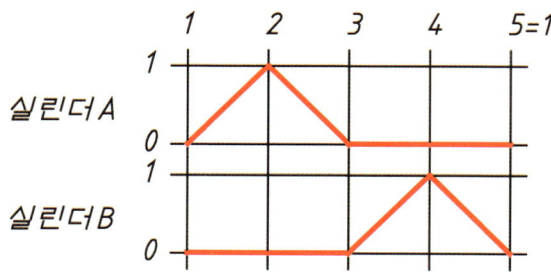

다. 유지보수 계획

1) 실린더 A의 전진 리밋 스위치 LS2를 제거하고 압력 스위치와 압력 게이지를 설치하여 전진 완료 후 압력 스위치의 설정 압력에 도달했을 때 실린더 A가 후진하도록 회로를 변경하시오. (단, 압력은 3 ± 0.5 MPa이 되도록 설정하시오.)
2) 실린더 B의 압력라인(P)에 감압밸브와 압력계를 설치하여 유압 회로도를 변경하고, 2차 측의 압력이 2 ± 0.5 MPa이 되도록 조정하시오.
3) 실린더 A, B의 전진 속도를 조절하기 위하여 일방향 유량조절밸브를 사용하여 미터 인 방식으로 회로를 구성하시오. (단, 속도는 약 50% 정도가 되도록 설정하시오.)

라. 기본동작 전기 회로도

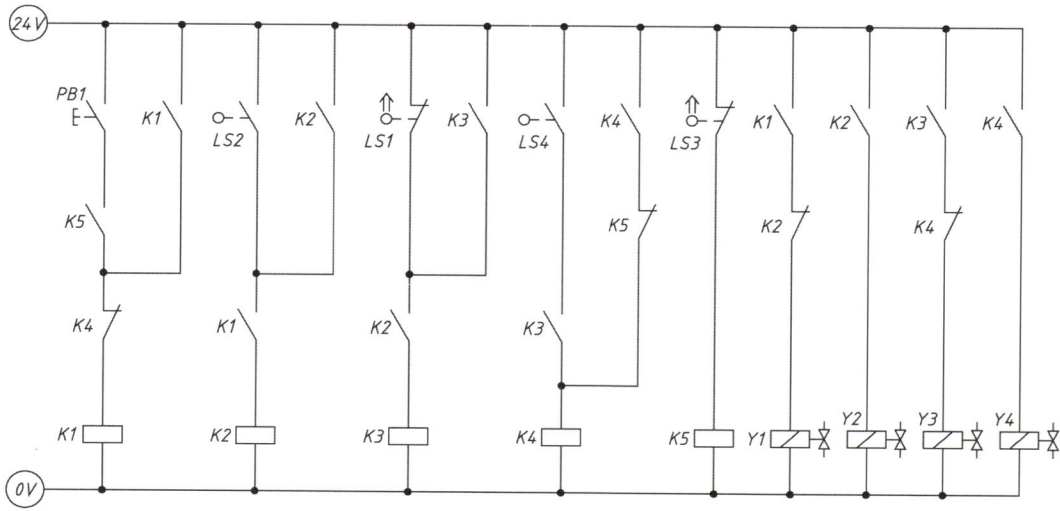

마. 유압 유지보수 회로도

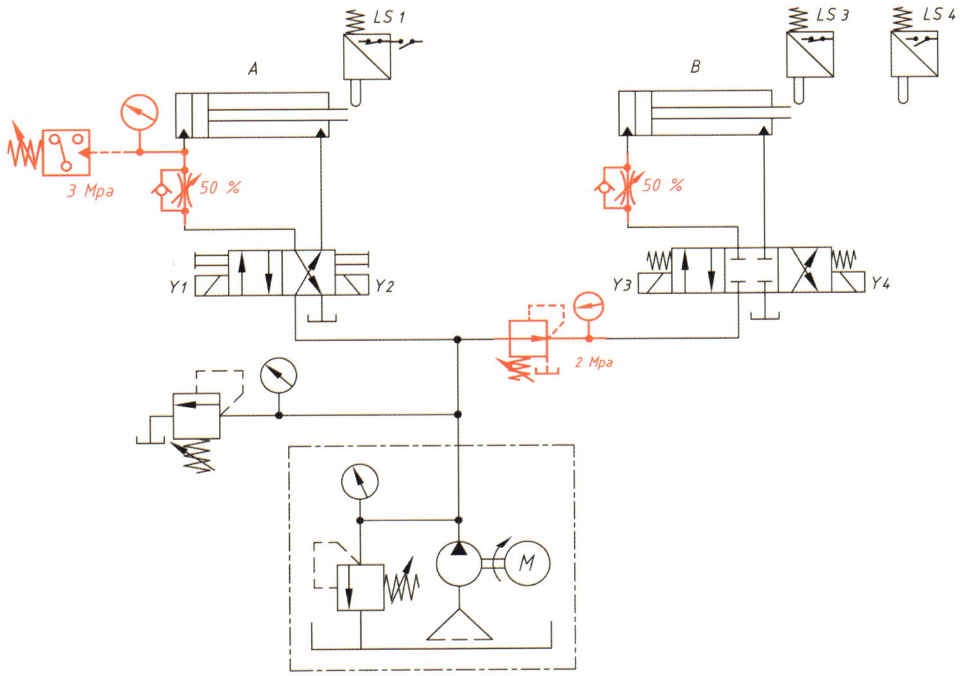

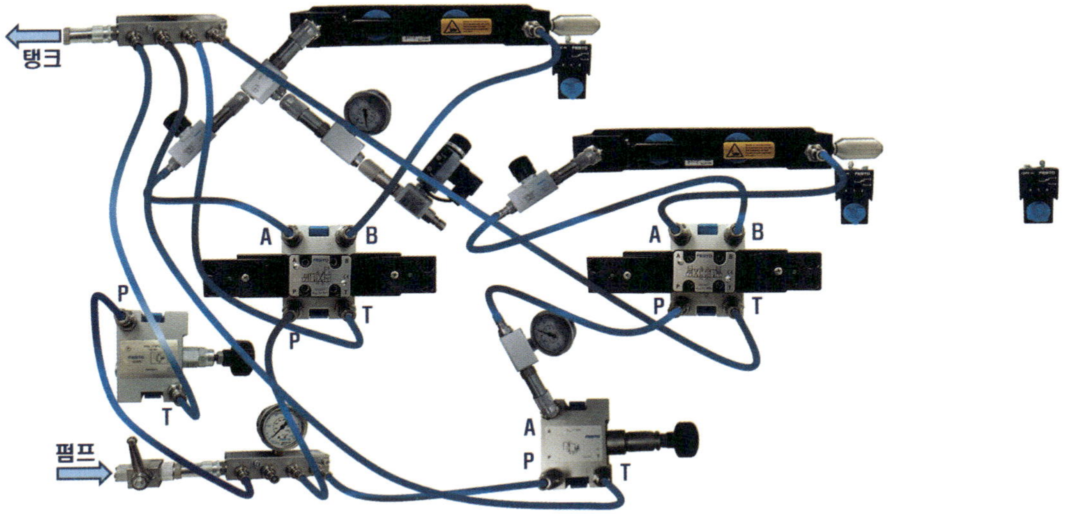

바. 전기 유지보수 회로도

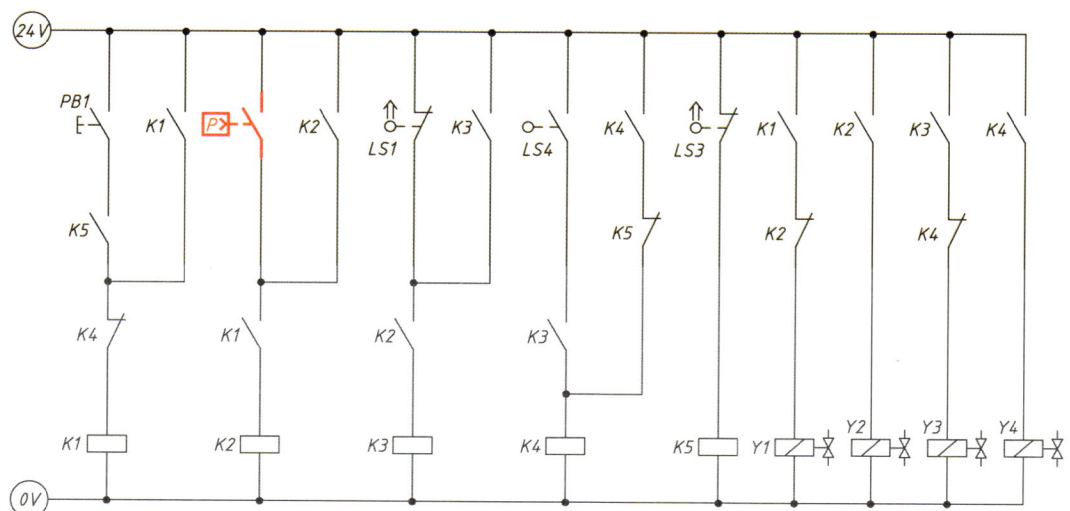

도면 ⑥

가. 유압 회로도

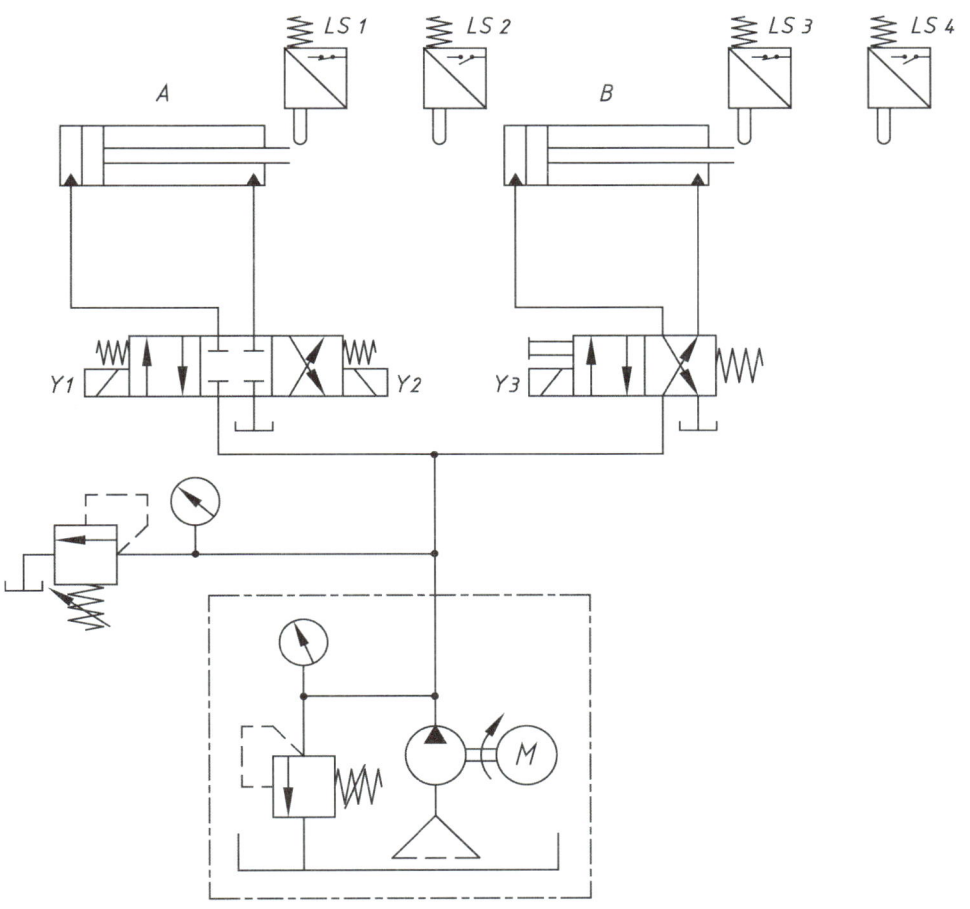

나. 변위단계선도

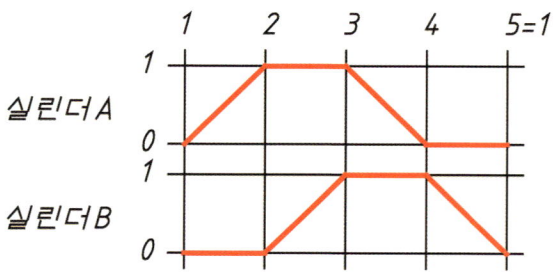

다. 유지보수 계획

1) 실린더 A의 전진 리밋 스위치 LS2를 제거하고 압력 스위치와 압력 게이지를 설치하여 전진 완료 후 압력 스위치의 설정 압력에 도달했을 때 실린더 B가 전진하도록 회로를 변경하시오. (단, 압력은 3 ± 0.5MPa이 되도록 설정하시오.)
2) 실린더 B의 압력라인(P)에 감압밸브와 압력계를 설치하여 유압 회로도를 변경하고, 2차 측의 압력이 2 ± 0.5MPa이 되도록 조정하시오.
3) 실린더 A, B의 전진 속도를 조절하기 위하여 일방향 유량조절밸브를 사용하여 미터 인 방식으로 회로를 구성하시오. (단, 속도는 약 50% 정도가 되도록 설정하시오.)

라. 기본동작 전기 회로도

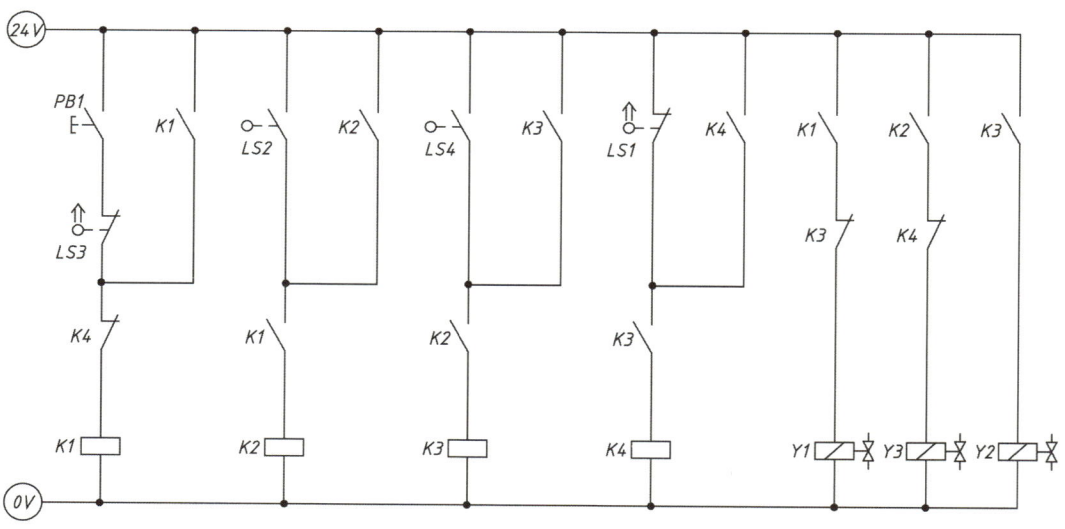

마. 유압 유지보수 회로도

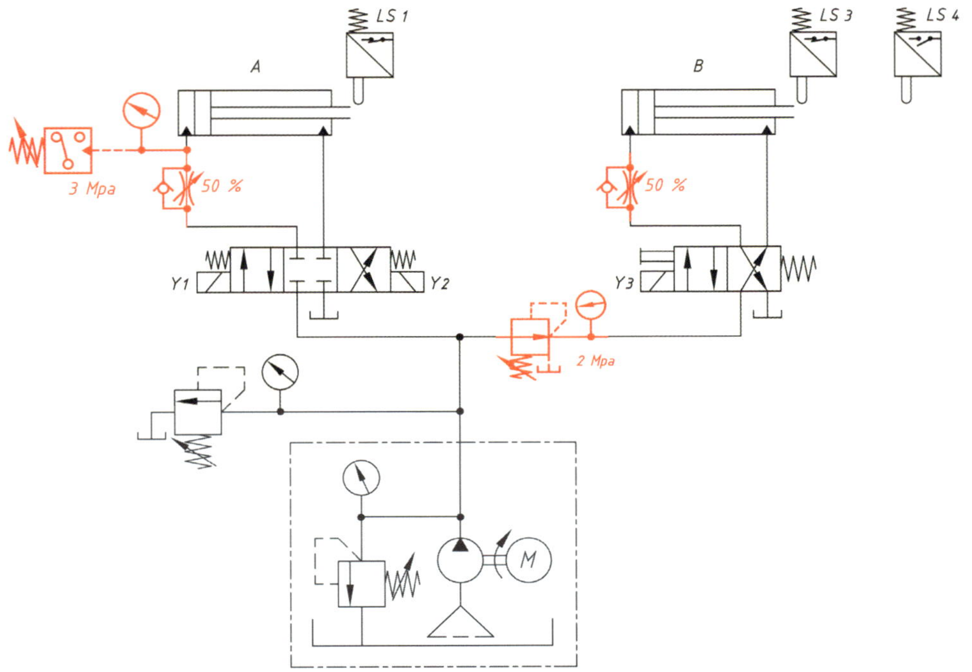

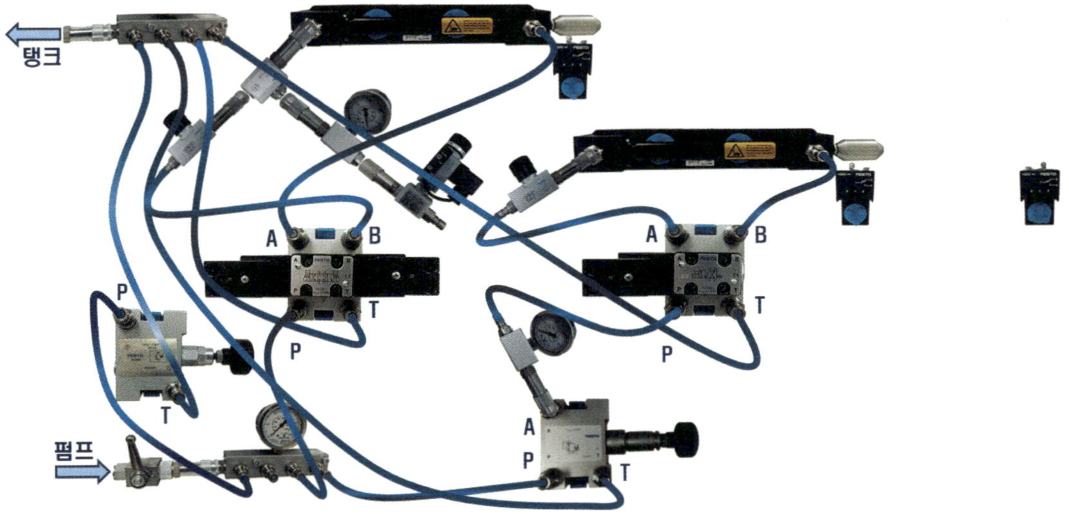

바. 전기 유지보수 회로도

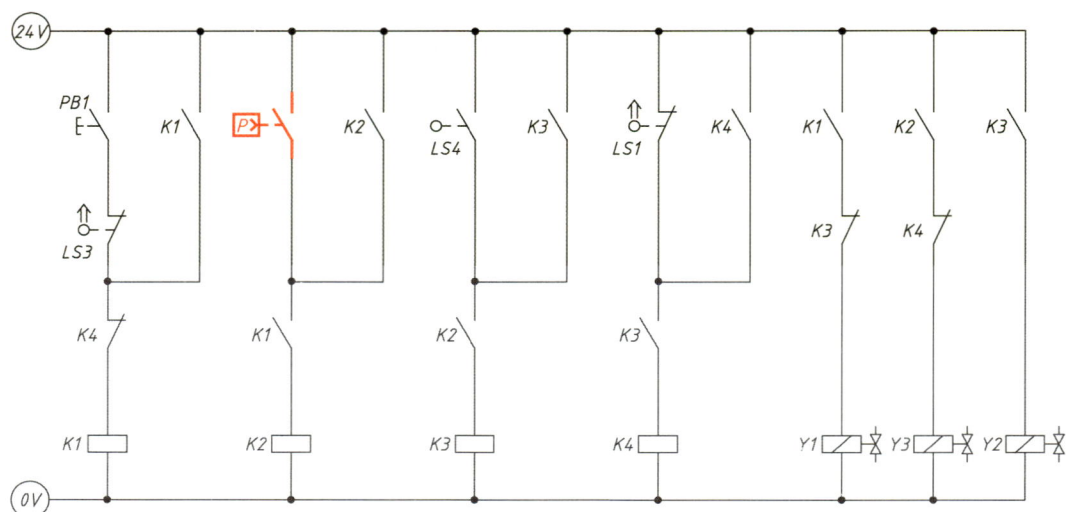

9 도면 ⑦

가. 유압 회로도

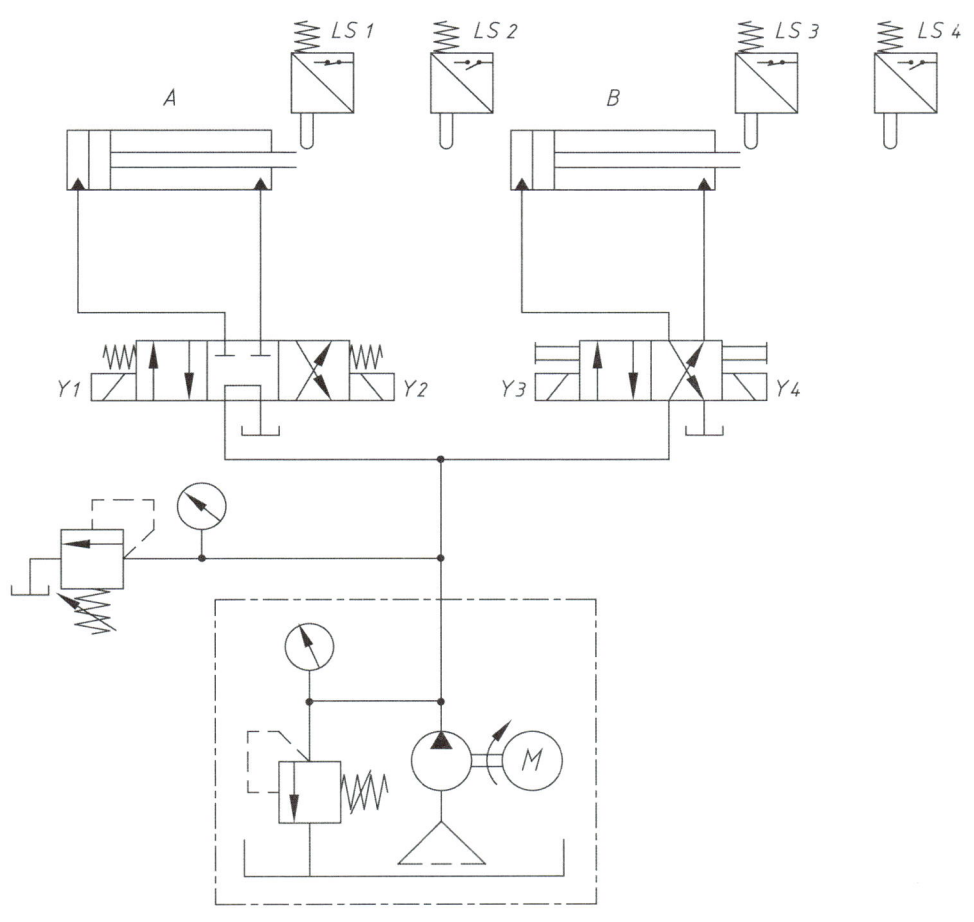

나. 변위단계선도

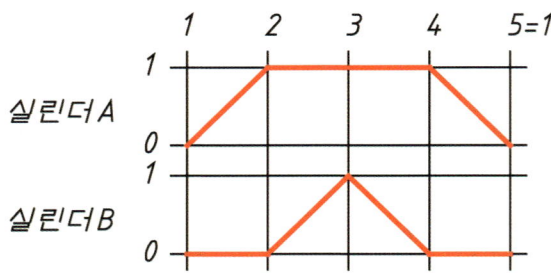

다. 유지보수 계획

1) 실린더 B의 전진 리밋 스위치 LS4를 제거하고 압력 스위치와 압력 게이지를 설치하여 전진 완료 후 압력 스위치의 설정 압력에 도달했을 때 실린더 B가 후진하도록 회로를 변경하시오. (단, 압력은 3 ± 0.5MPa이 되도록 설정하시오.)
2) 실린더 A의 방향제어밸브를 4포트 3위치 A-B-T 접속형 밸브로 교체하고, 로드 측에 파일럿 조작 체크 밸브를 사용하여 로킹회로가 되도록 변경하시오.
3) 실린더 B의 전·후진 속도가 제어되도록 공급라인에 양방향 유량조절밸브를 사용하여 회로를 구성하시오. (단, 속도는 약 50% 정도가 되도록 설정하시오.)

라. 기본동작 전기 회로도

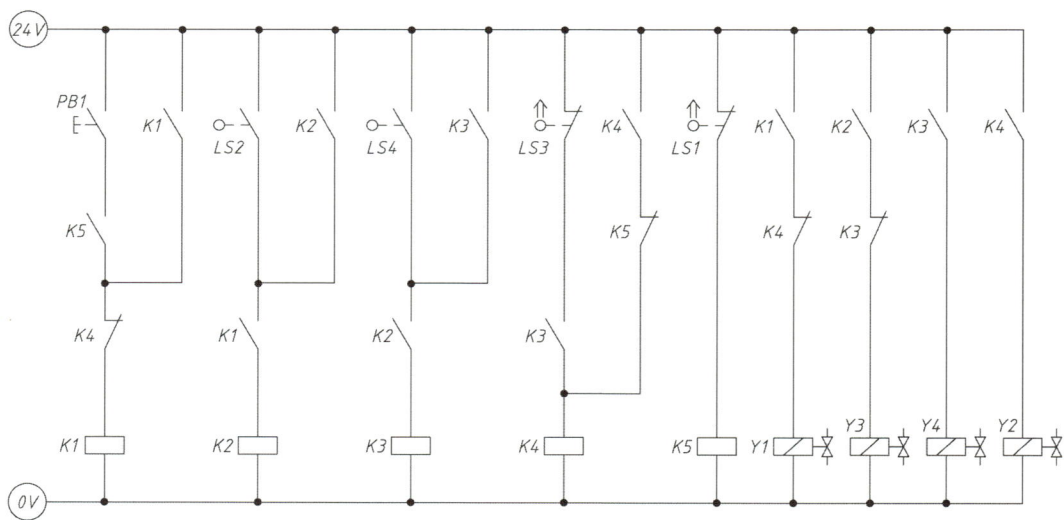

마. 유압 유지보수 회로도

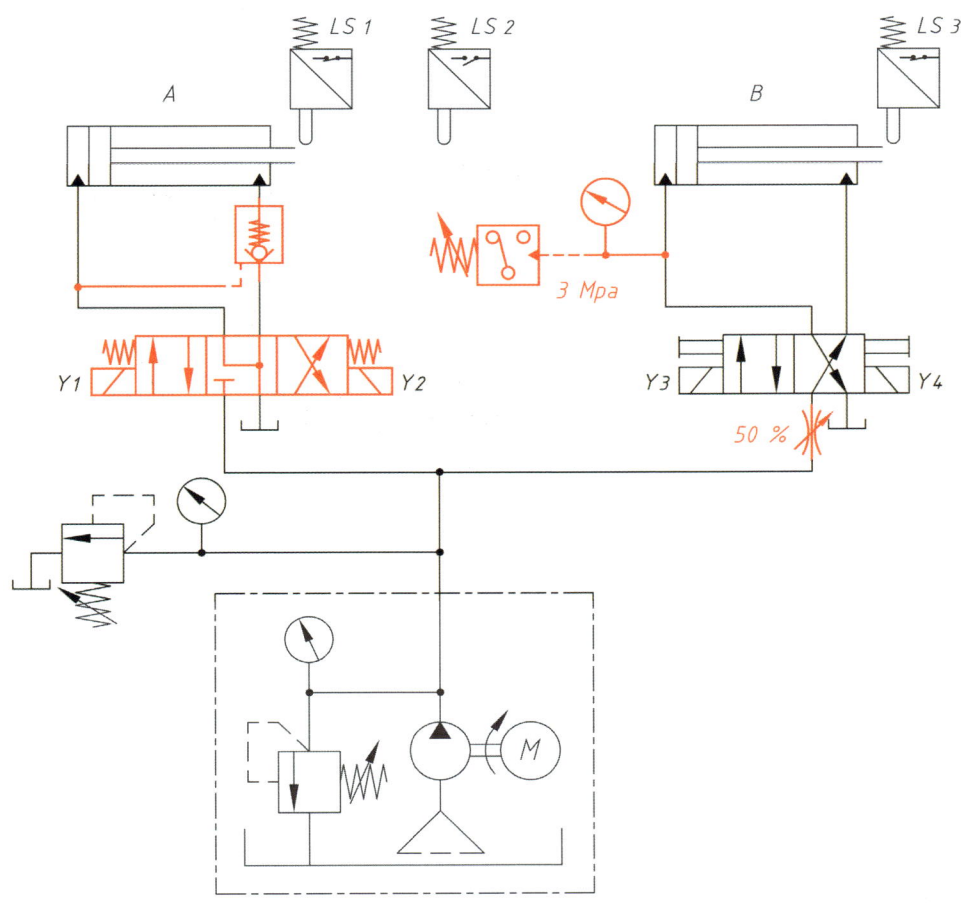

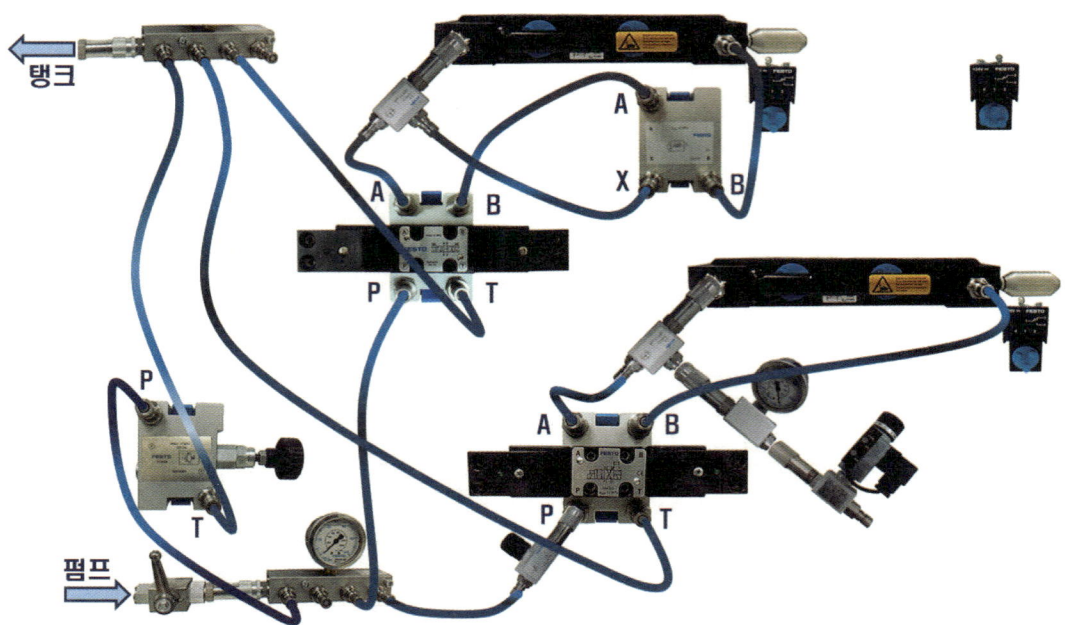

바. 전기 유지보수 회로도

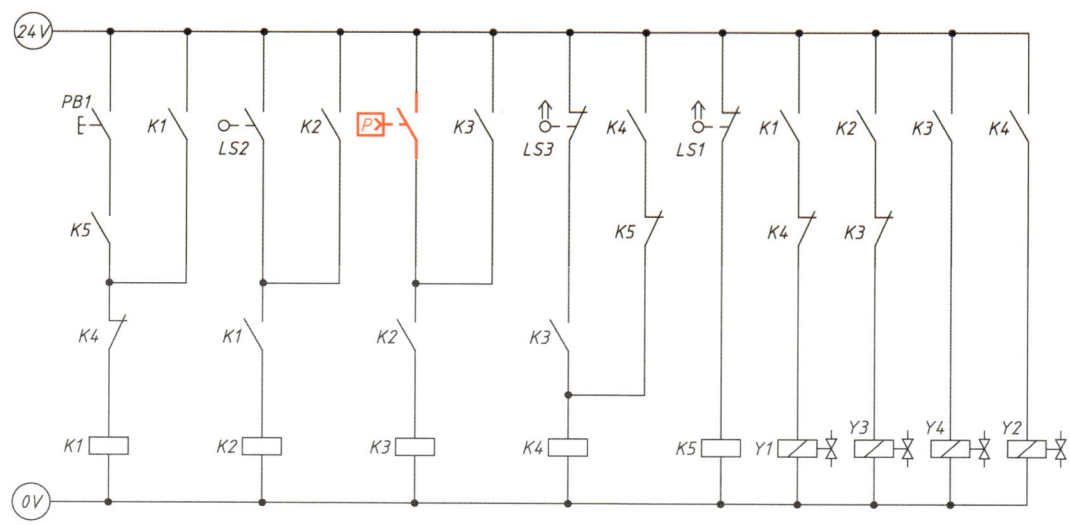

10 도면 ⑧

가. 유압 회로도

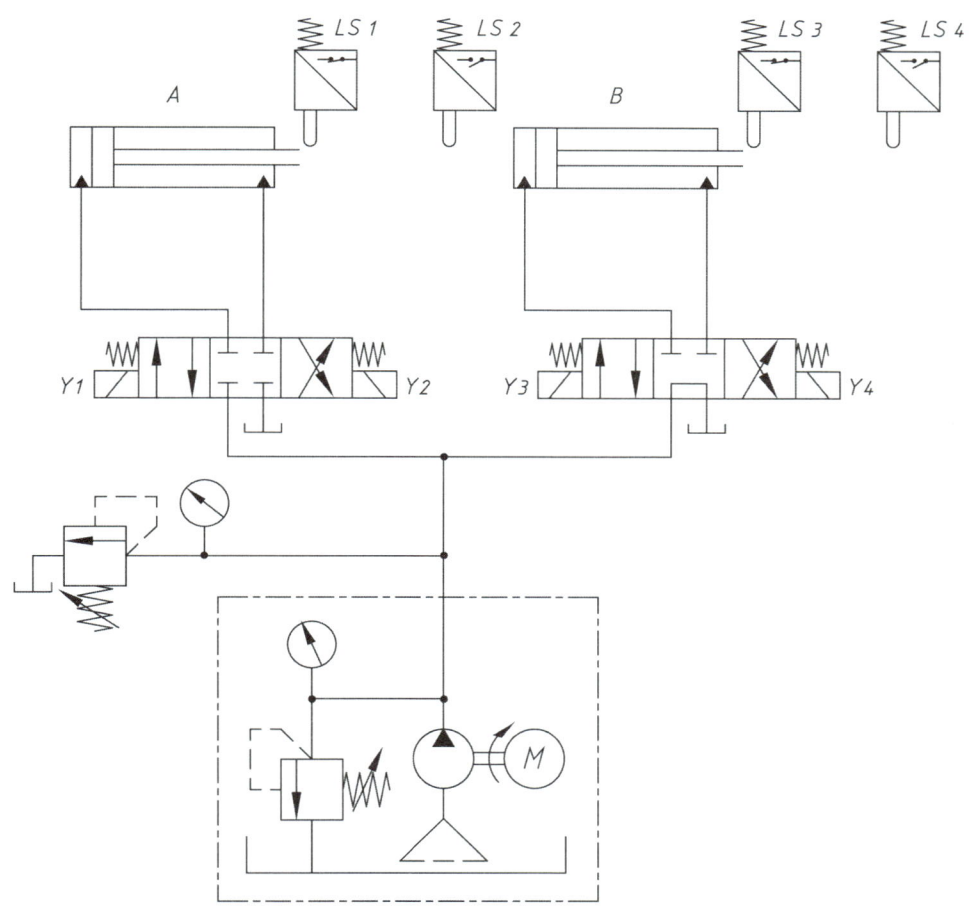

나. 변위단계선도

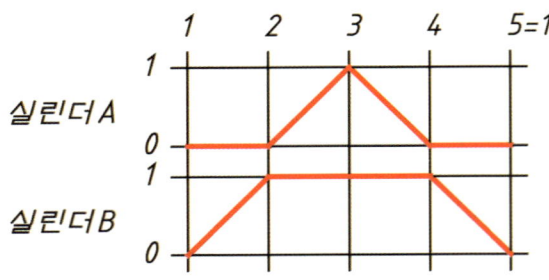

다. 유지보수 계획

1) 실린더 A의 전진 리밋 스위치 LS2를 제거하고 압력 스위치와 압력 게이지를 설치하여 전진 완료 후 압력 스위치의 설정 압력에 도달했을 때 실린더 A가 후진하도록 회로를 변경하시오. (단, 압력은 3±0.5MPa이 되도록 설정하시오.)
2) 실린더 B의 방향제어밸브를 4포트 3위치 A-B-T 접속형 밸브로 교체하고, 로드 측에 파일럿 조작 체크 밸브를 사용하여 로킹회로가 되도록 변경하시오.
3) 실린더 A의 전·후진 속도가 제어되도록 공급라인에 양방향 유량조절밸브를 사용하여 회로를 구성하시오. (단, 속도는 약 50% 정도가 되도록 설정하시오.)

라. 기본동작 전기 회로도

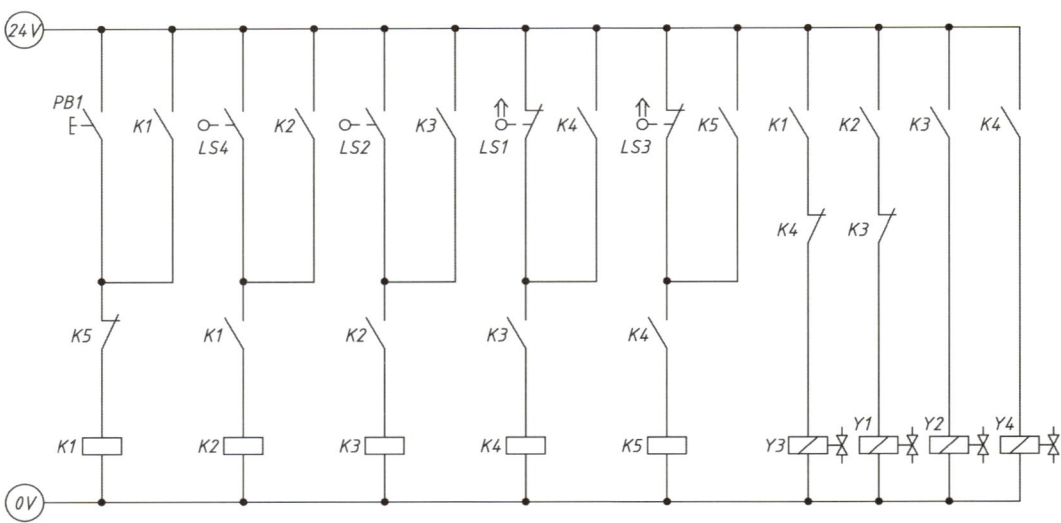

마. 유압 유지보수 회로도

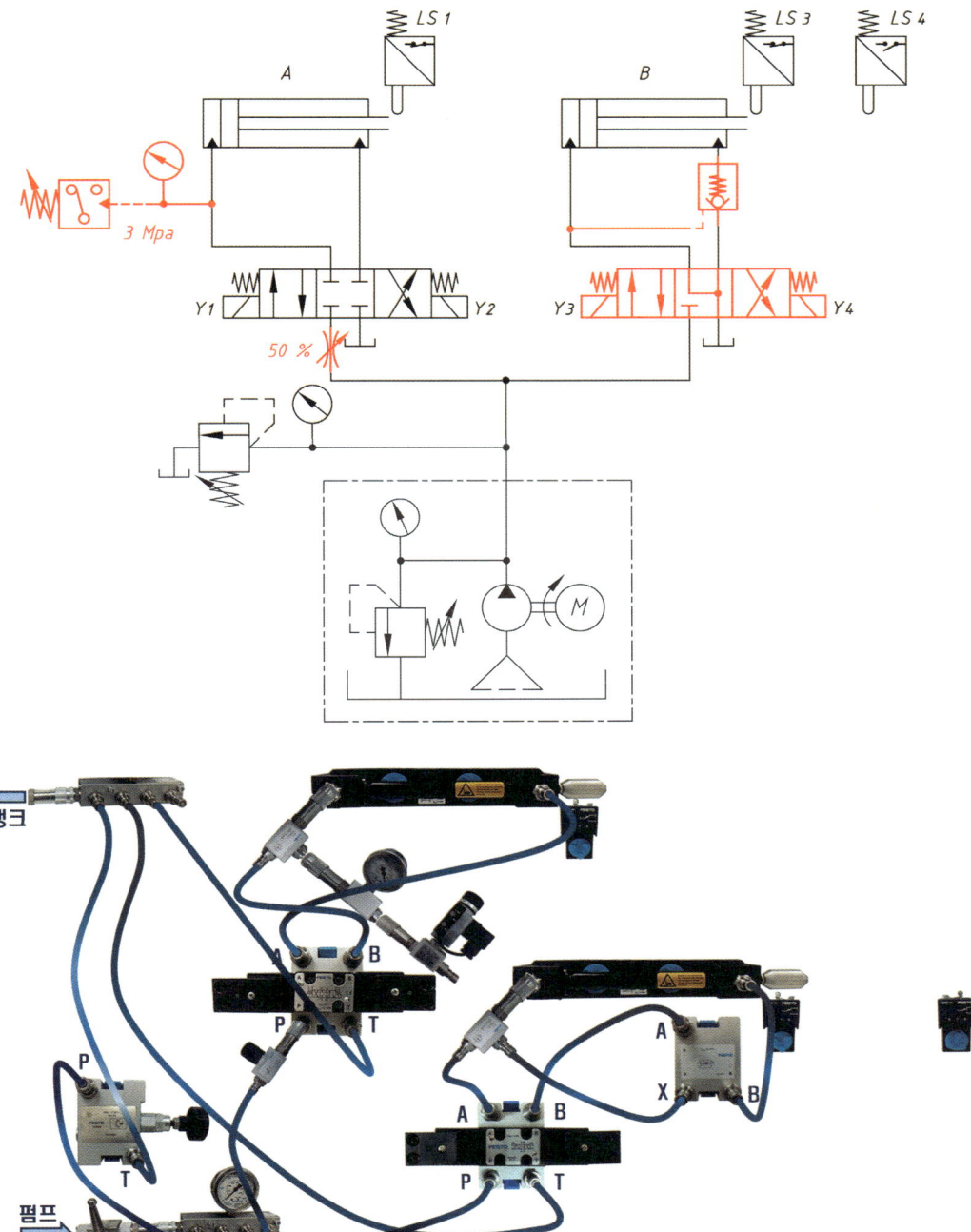

바. 전기 유지보수 회로도

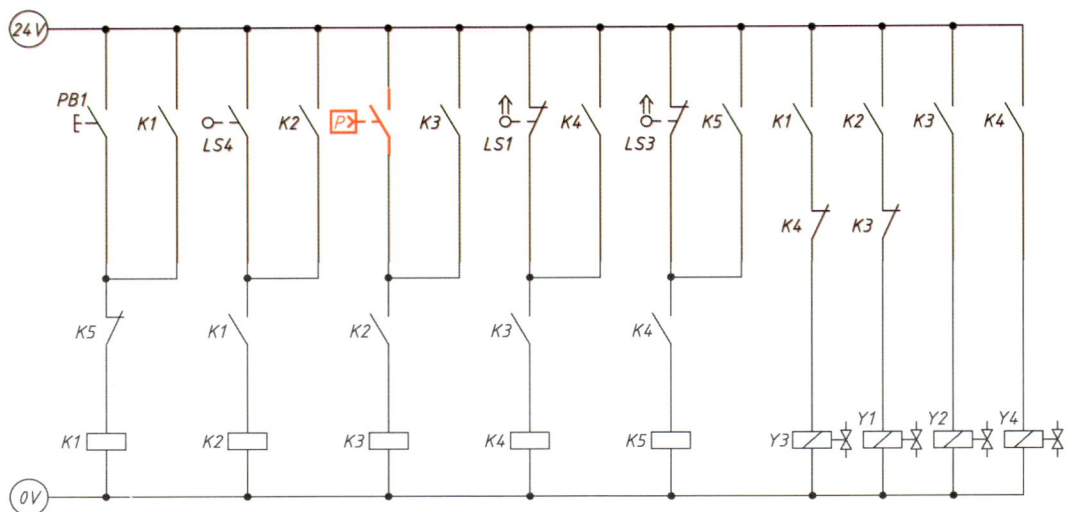

CHAPTER 02

가스절단 및 용접

I. 용접

CHAPTER 02 가스절단 및 용접

I 용접

▶ 설비보전산업기사 가스절단 및 용접 ◀

※ 시험시간: [제3과제] 1시간

1 요구사항

※ 지급된 재료 및 시설을 사용하여 아래 작업을 완성하시오.
※ 한번 제출한 작품의 재작업은 허용되지 않습니다.
※ 작업 시작 전 지급된 연강판에 각인 여부를 반드시 확인하시오.
※ 가스 절단 → 구멍 가공 → 용접 → 보수용접 → 조립 → 정리정돈
순서로 작업하시오.

가. 구멍 가공 및 보수 용접

※ 가스 절단 작업은 **10분 이내**에 완료하여야 합니다.

1) 주어진 연강판을 **절단 및 가공 도면(4-3p)**과 같이 절단하시오. (단, 작업 후 절단면 외관을 채점하므로 줄이나 그라인더 가공을 금합니다.)
   가) 가스 절단 장치 또는 가스 집중 장치의 가스 누설 여부를 확인하시오.
   나) 각 압력 조정기의 핸들을 조정하여 절단 작업에 사용 가능한 적정 압력으로 조절하시오.
   다) 점화 후 가스 불꽃을 조정하여 도면과 같이 작업 수행 후 소화하시오.
   라) 각 호스의 내부 잔류가스를 배출시킨 후 작업 전의 상태로 정리하시오.
2) 절단된 연강판을 **절단 및 가공 도면(4-3p)**과 같이 Drilling 및 Tapping 하시오.

나. 용접

1) 절단 및 가공된 연강판을 **용접 및 조립 도면(4-4p)**과 같이 피복 아크 용접하시오.
   가) 용접전류 등 작업에 필요한 조건은 수험자가 직접 결정하여 설정하시오.
   나) **가용접은 2곳 이하, 가용접 길이는 10mm 이내**로 용접하시오.
   다) 도면에서 지시하는 본 용접구간 모두 필릿 용접하시오. (단, 비드 폭과 높이가 각각 요구된 **목길이(각 장)**의 −20 ~ +50% 범위에서 용접하시오.)

다. 보수 용접

1) **도면에 지시된 보수 용접 HOLE의 상단을 빈틈없이 메우기** 위해 모두 용접하시오.
   (단, HOLE에 지급된 용접봉 외에 보충물을 임의로 추가하여 용접하지 않습니다.)
2) 보수 용접 판재 **후면에 용락(처짐)이 없도록** 용접하시오.

라. 조립

1) 주어진 볼트(M10)를 이용하여 **용접 및 조립 도면(4-4p)**과 같이 조립하여 제출하시오.

마. 정리정돈

1) 평가 종료 후 작업한 자리의 장비, 부품, 공기구 등을 초기 상태로 정리하시오.

② 수험자 유의사항

※ 다음의 유의사항을 고려하여 요구사항을 완성하시오.
※ 작업형 과제별 배점은 [공기압시스템 설계 및 구성 30점, 유압시스템 설계 및 구성 30점, 가스 절단 및 용접 40점]이며, 이외 세부항목 배점은 비공개입니다.

1) 시험 시작 전 장비 이상 유무를 확인합니다.
2) 작업 중 안전수칙 준수 여부를 평가하므로, 안전수칙을 준수하여 작업합니다.
3) 전기 용접 작업 시 감전 및 화상 등의 재해가 발생하지 않도록 전기 케이블 및 안전보호구를 사전에 점검하여 사용하며, 필요한 안전수칙을 반드시 준수하시기 바랍니다. (단, 슬리퍼·샌들 착용, 보안경 미착용 등 복장이 작업에 부적합할 경우 응시가 불가능합니다.)

4) 구멍 가공 시 보안경을 반드시 착용하시기 바랍니다.
5) 시험 중에는 반드시 시험감독위원의 지시에 따라야 하며, 시험시간 동안 시험감독위원의 지시가 없는 한 시험장을 임의로 이탈할 수 없습니다.
6) 시험에 필요한 기기 이외에 임의로 접촉하지 않도록 주의하시기 바랍니다.
7) 가스 절단 작업 후 절단면 외관을 평가하므로 줄이나 그라인더 가공을 금합니다.
8) 공단에서 지정한 각인이 날인된 강판으로 작업하여야 합니다.
9) 수험자는 작업이 완료되면 시험감독위원의 확인을 받아야 합니다.
10) 다음 사항은 실격에 해당하여 채점 대상에서 제외됩니다.
   가) 수험자 본인이 수험 도중 시험에 대한 기권 의사를 표현하는 경우
   나) 실기시험 과정 중 1개 과정이라도 불참한 경우
   다) 시설·장비의 조작 또는 재료의 취급이 미숙하여 위해를 일으킬 것으로 시험감독위원 전원이 합의하여 판단한 경우
   라) 기능이 해당 등급 수준에 전혀 도달하지 못한 것으로 시험감독위원이 판단할 경우
   마) 부정행위를 한 경우
   바) 시험시간 내에 작품을 제출하지 못한 경우
   사) 용접봉을 포함한 지급된 재료 이외의 재료를 사용한 경우
   아) 강판에 각인이 날인되지 않은 경우
   자) 결과물이 주어진 도면과 상이한 작품
   차) 결과물의 직각도가 ±10mm, 치수 및 단차가 한 부분이라도 ±10mm를 초과한 경우
   카) 필릿 용접부의 비드 폭과 높이가 각각 요구된 목길이(각장)의 범위를 벗어나는 작품
   타) 용접구간 내에 10mm 이상 용접되지 않았거나, 완전히 절단되지 않은 경우
   파) 시험감독위원이 판단하여 더 이상 가스 절단 작업을 수행할 수 없다고 인정하는 경우
   하) 시험감독위원이 판단하여 전원 합의 하에 용접의 상태(언더컷, 오버랩, 비드 상태 등 구조상의 결함 등)가 채점기준에서 제시한 항목 이외의 사항과 관련하여 용접작품으로 인정할 수 없는 경우
   거) 용접 시 비드 내에서 전진법이나 후진법을 혼용하여 작업한 경우(용접 시점과 종점은 모두 동일해야 함)

너) 외관 평가 전에 줄이나 그라인더 등으로 후가공한 경우
더) 보수 용접 후 표면 비드의 높이가 10mm를 초과하거나 용락(처짐)이 발생한 작품
러) 볼트 미체결 및 볼트를 훼손한 경우

③ 도면 ①

구분	재료명	규격	수량	비고
1	연강판	200×80, 6t	1개	
2	연강판	100×80, 6t	1개	
3	절단 가스	LPG 또는 아세틸렌	–	
4	드릴	$\phi 8.5$, $\phi 12$	각 1개	
5	핸드 탭	M10×1.5	1세트	
6	육각머리 볼트	M10×20	2개	
7	전기 용접봉	E4316, $\phi 3.2$	3개	
8	용접기	직류 또는 교류	–	개인 지참 불가

가. 절단 및 가공 도면

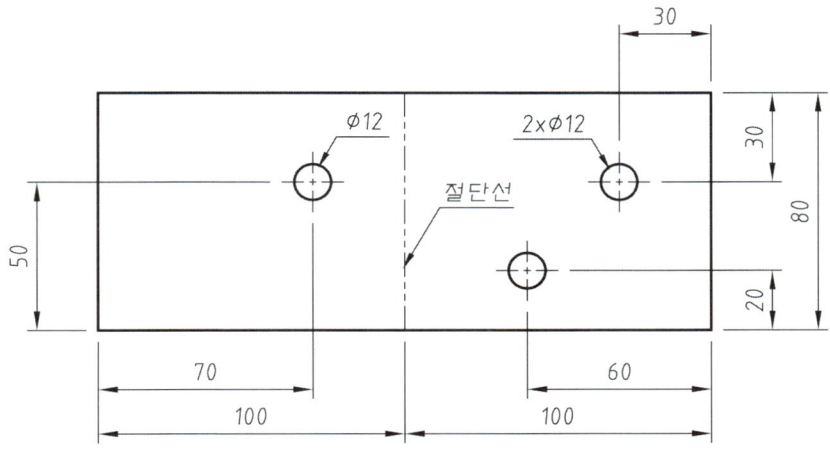

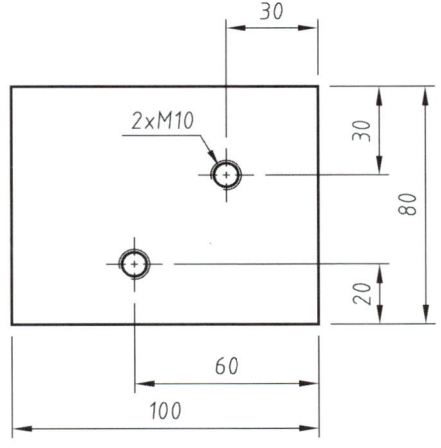

나. 용접 및 조립 도면

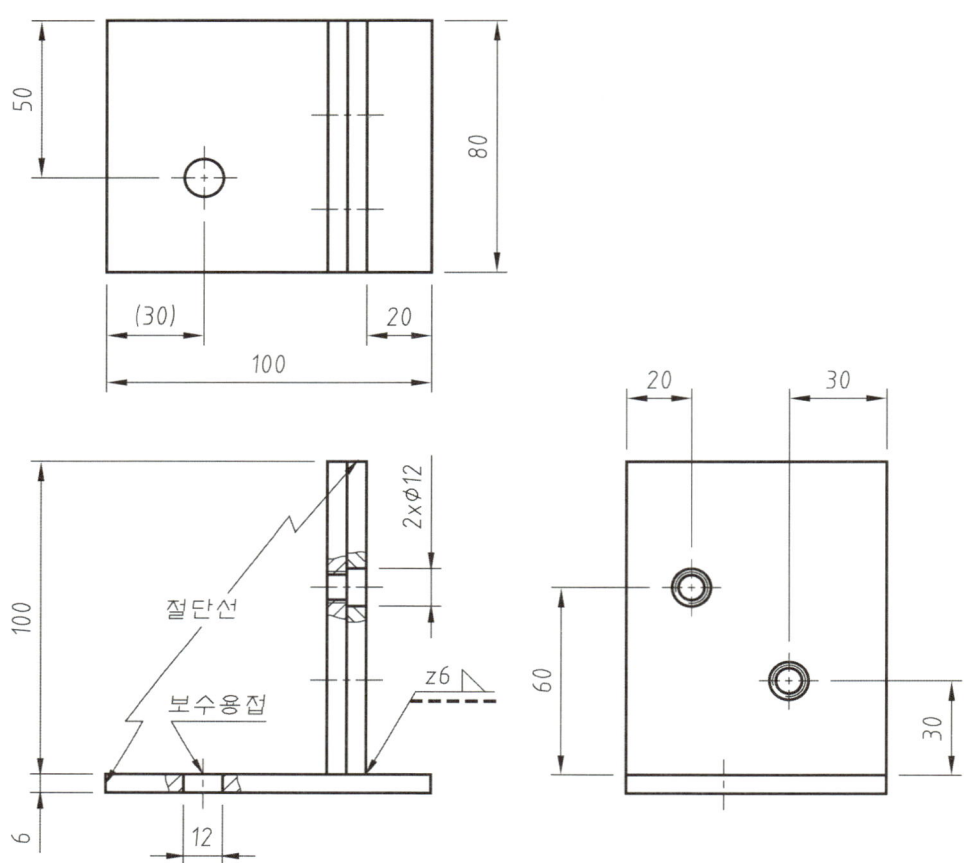

4 도면 ②

구분	재료명	규격	수량	비고
1	연강판	200×80, 6t	1개	
2	연강판	100×80, 6t	1개	
3	절단 가스	LPG 또는 아세틸렌	–	
4	드릴	$\phi 8.5$, $\phi 12$	각 1개	
5	핸드 탭	M10×1.5	1세트	
6	육각머리 볼트	M10×20	2개	
7	전기 용접봉	E4316, $\phi 3.2$	3개	
8	용접기	직류 또는 교류	–	개인 지참 불가

가. 절단 및 가공 도면

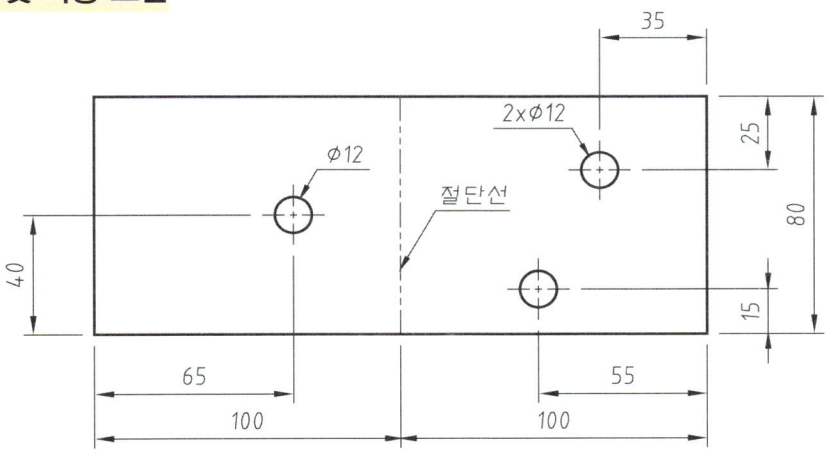

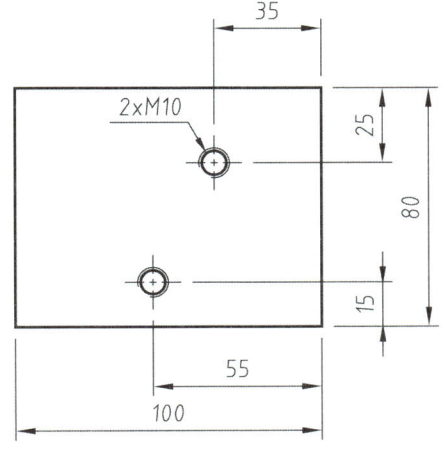

나. 용접 및 조립 도면

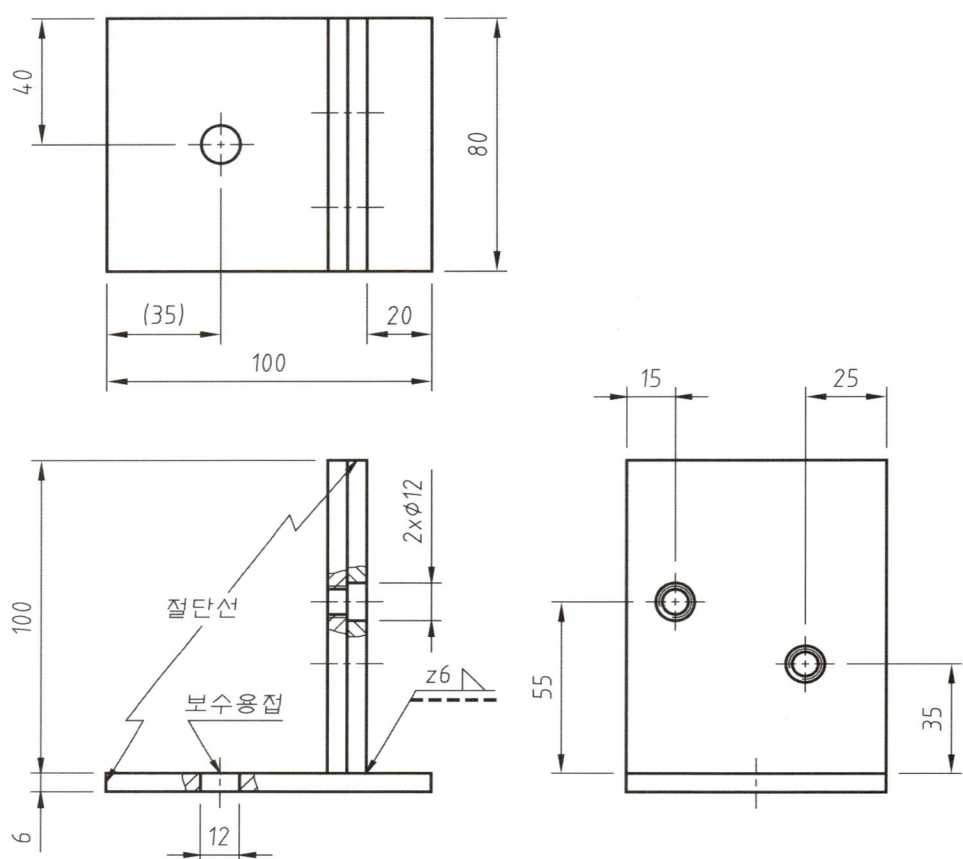

5 도면 ③

구분	재료명	규격	수량	비고
1	연강판	200×80, 6t	1개	
2	연강판	100×80, 6t	1개	
3	절단 가스	LPG 또는 아세틸렌	–	
4	드릴	φ8.5, φ12	각 1개	
5	핸드 탭	M10×1.5	1세트	
6	육각머리 볼트	M10×20	2개	
7	전기 용접봉	E4316, φ3.2	3개	
8	용접기	직류 또는 교류	–	개인 지참 불가

가. 절단 및 가공 도면

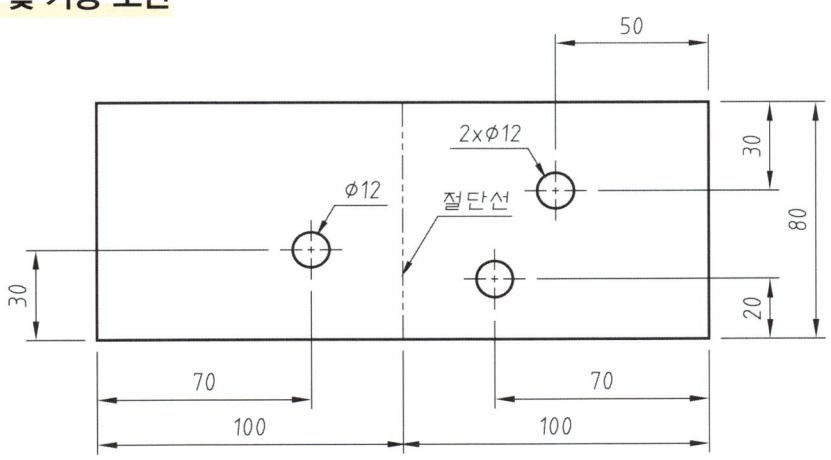

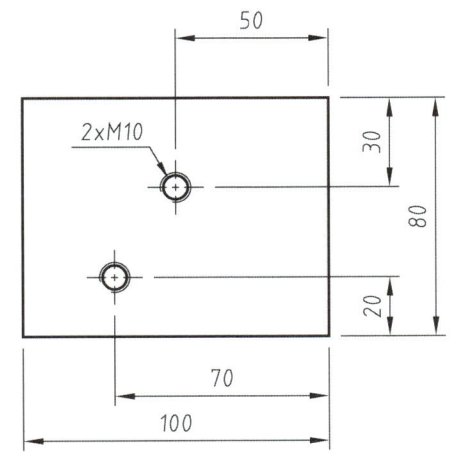

나. 용접 및 조립 도면

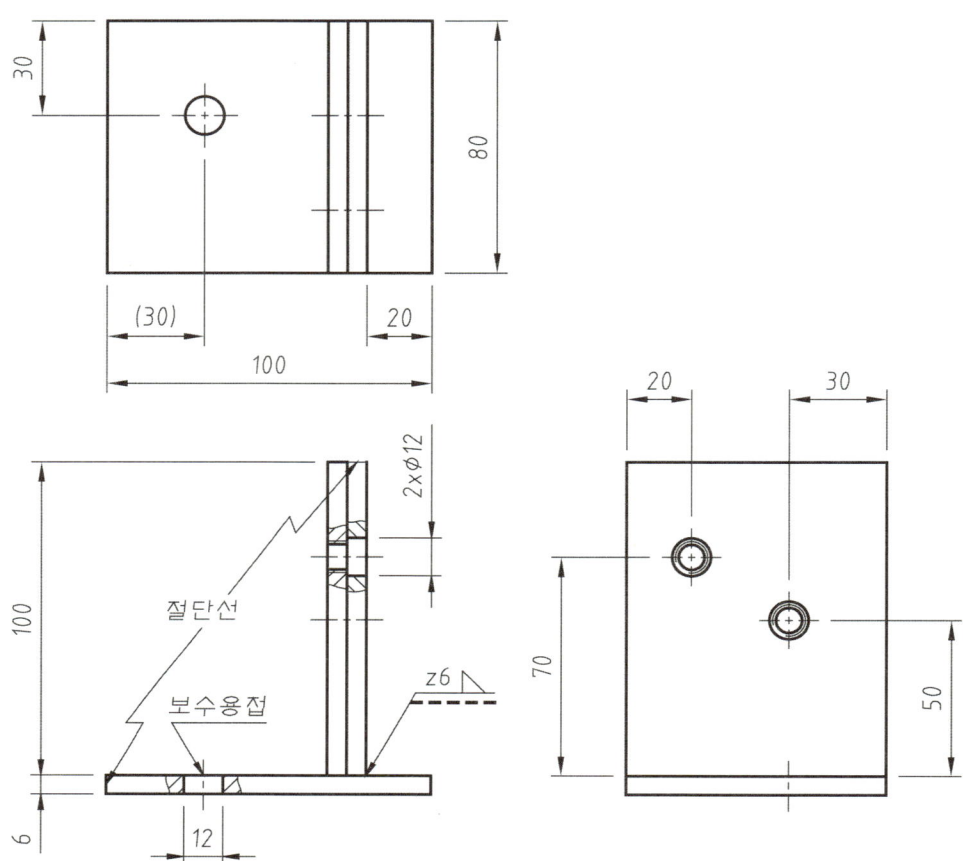

6 도면 ④

구분	재료명	규격	수량	비고
1	연강판	200×80, 6t	1개	
2	연강판	100×80, 6t	1개	
3	절단 가스	LPG 또는 아세틸렌	-	
4	드릴	φ8.5, φ12	각 1개	
5	핸드 탭	M10×1.5	1세트	
6	육각머리 볼트	M10×20	2개	
7	전기 용접봉	E4316, φ3.2	3개	
8	용접기	직류 또는 교류	-	개인 지참 불가

가. 절단 및 가공 도면

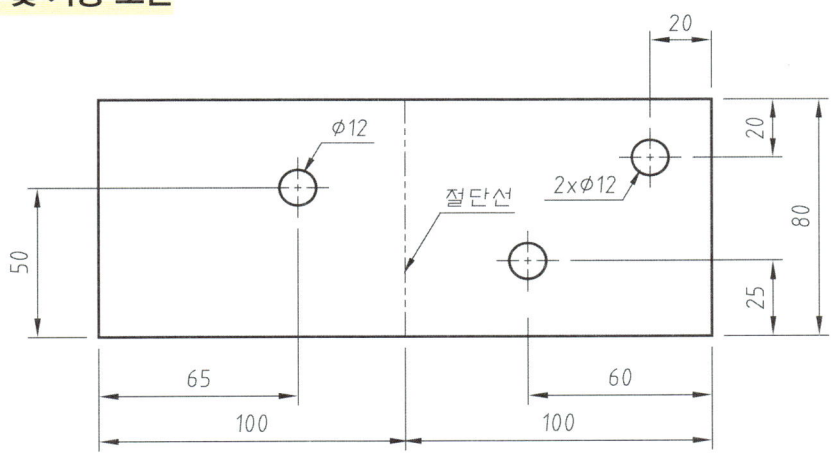

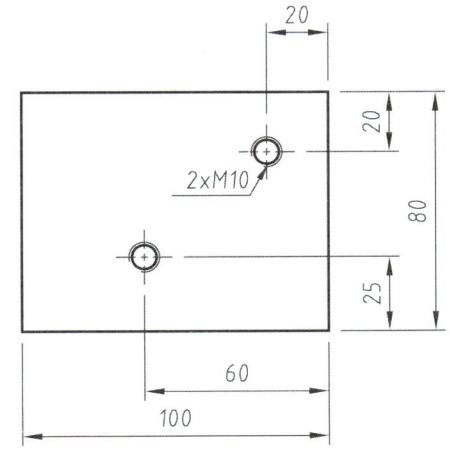

나. 용접 및 조립 도면

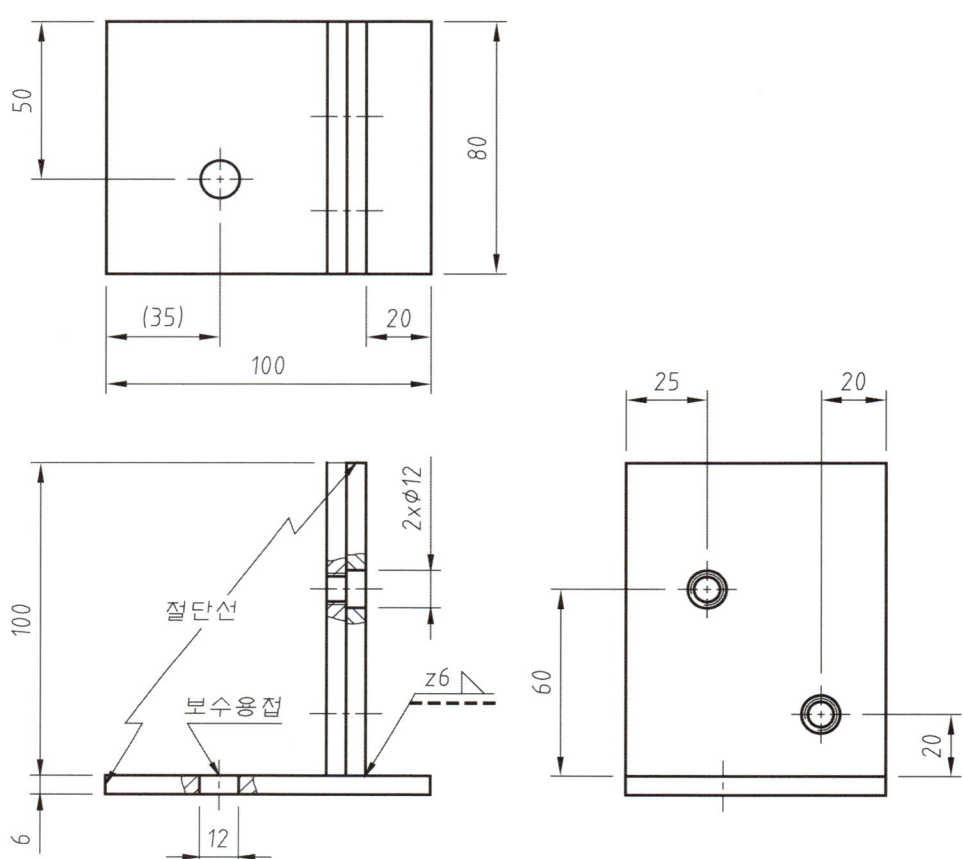

7 도면 ⑤

구분	재료명	규격	수량	비고
1	연강판	200×80, 6t	1개	
2	연강판	100×80, 6t	1개	
3	절단 가스	LPG 또는 아세틸렌	–	
4	드릴	$\phi 8.5$, $\phi 12$	각 1개	
5	핸드 탭	M10×1.5	1세트	
6	육각머리 볼트	M10×20	2개	
7	전기 용접봉	E4316, $\phi 3.2$	3개	
8	용접기	직류 또는 교류	–	개인 지참 불가

가. 절단 및 가공 도면

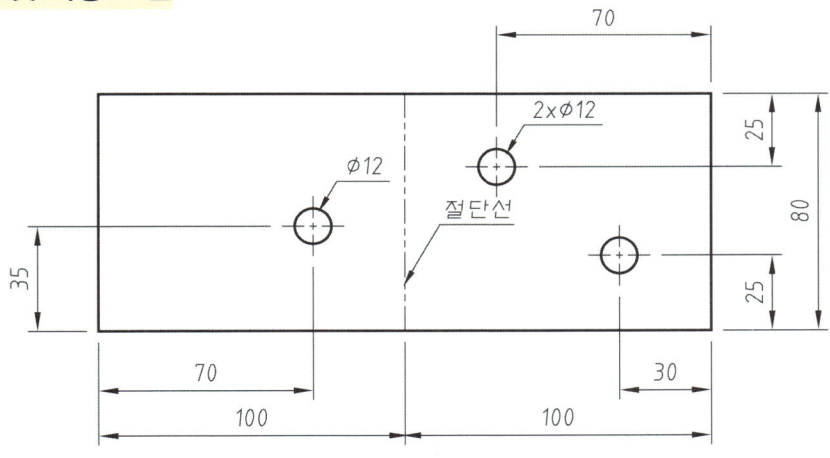

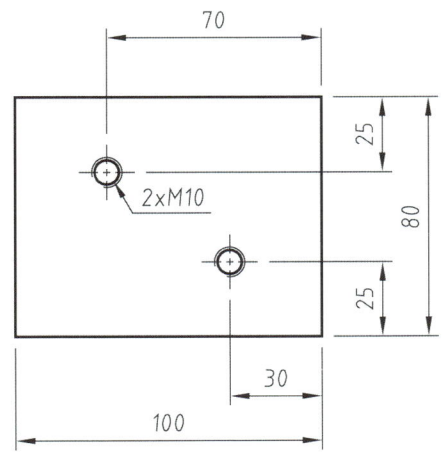

나. 용접 및 조립 도면

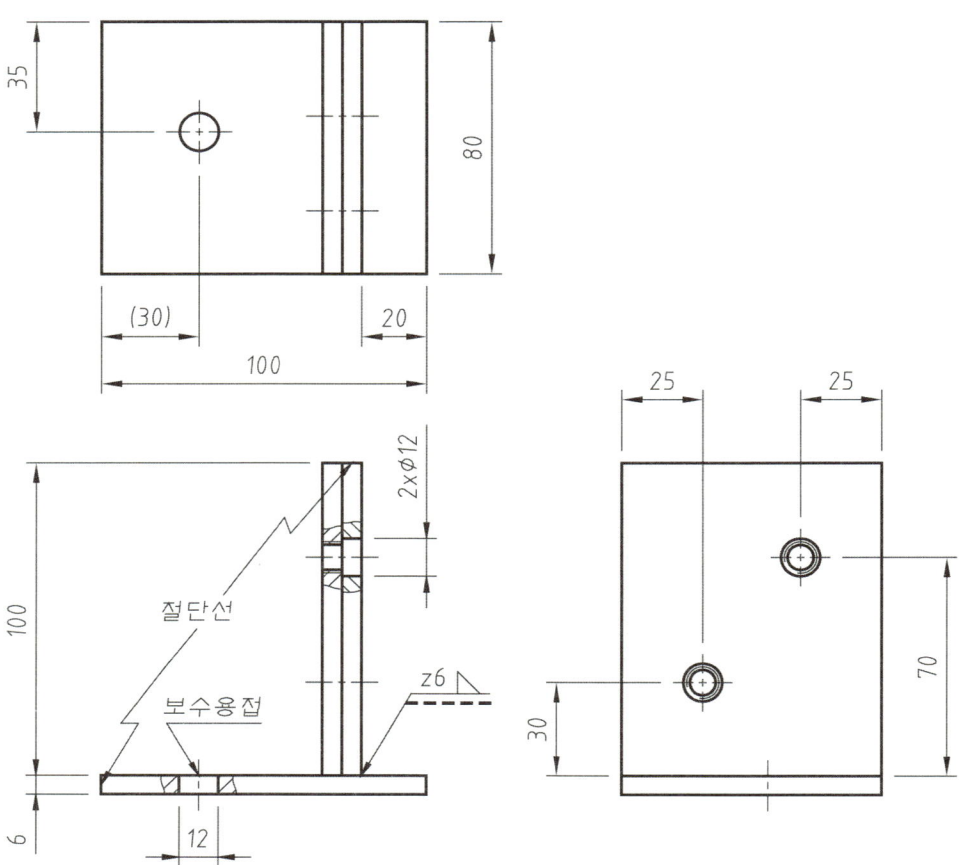

8 도면 ⑥

구분	재료명	규격	수량	비고
1	연강판	200×80, 6t	1개	
2	연강판	100×80, 6t	1개	
3	절단 가스	LPG 또는 아세틸렌	–	
4	드릴	⌀8.5, ⌀12	각 1개	
5	핸드 탭	M10×1.5	1세트	
6	육각머리 볼트	M10×20	2개	
7	전기 용접봉	E4316, ⌀3.2	3개	
8	용접기	직류 또는 교류	–	개인 지참 불가

가. 절단 및 가공 도면

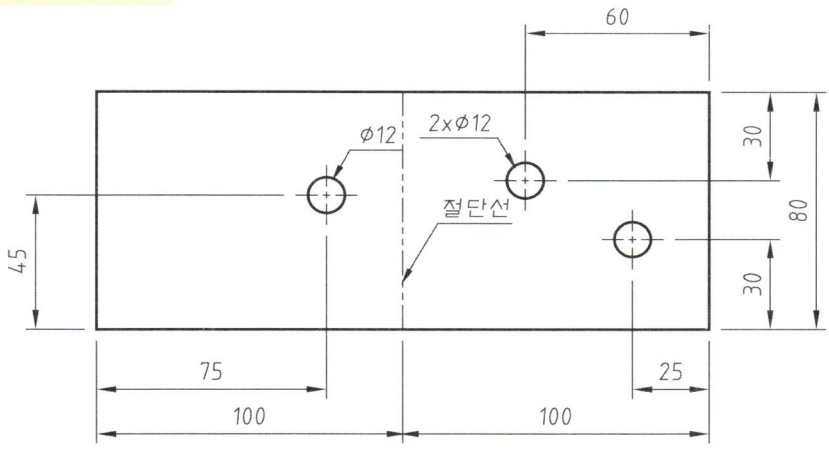

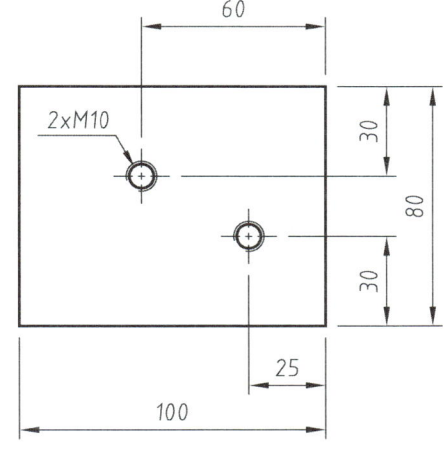

나. 용접 및 조립 도면

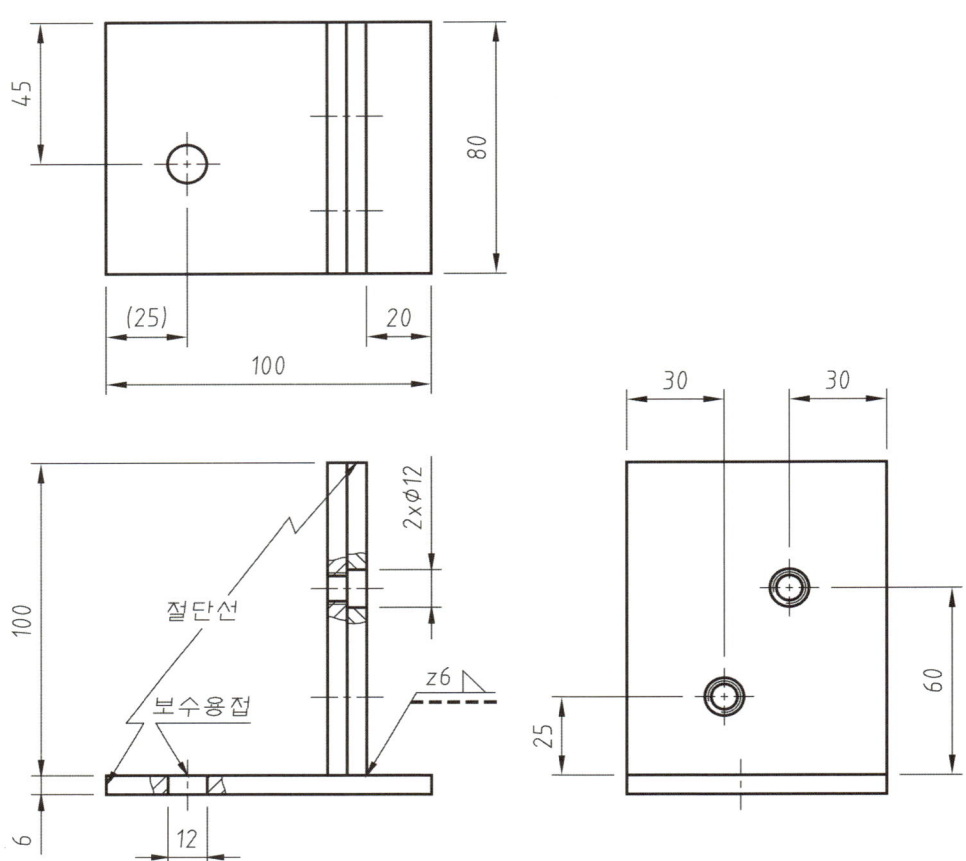

9 도면 ⑦

구분	재료명	규격	수량	비고
1	연강판	200×80, 6t	1개	
2	연강판	100×80, 6t	1개	
3	절단 가스	LPG 또는 아세틸렌	–	
4	드릴	⌀8.5, ⌀12	각 1개	
5	핸드 탭	M10×1.5	1세트	
6	육각머리 볼트	M10×20	2개	
7	전기 용접봉	E4316, ⌀3.2	3개	
8	용접기	직류 또는 교류	–	개인 지참 불가

가. 절단 및 가공 도면

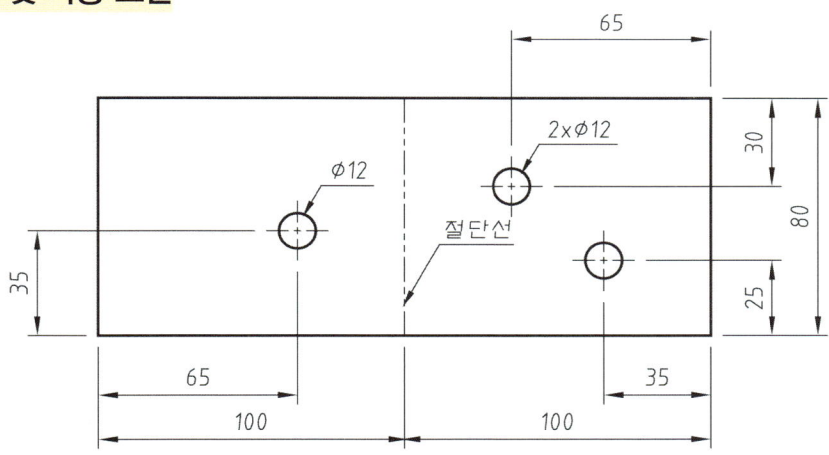

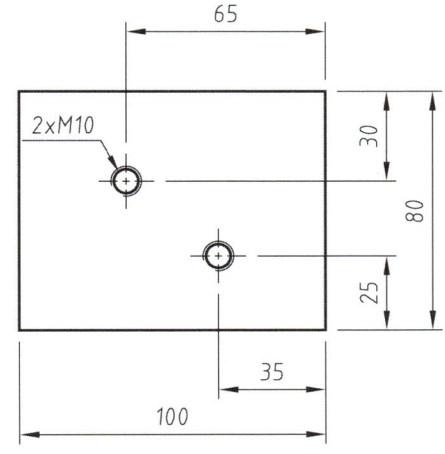

나. 용접 및 조립 도면

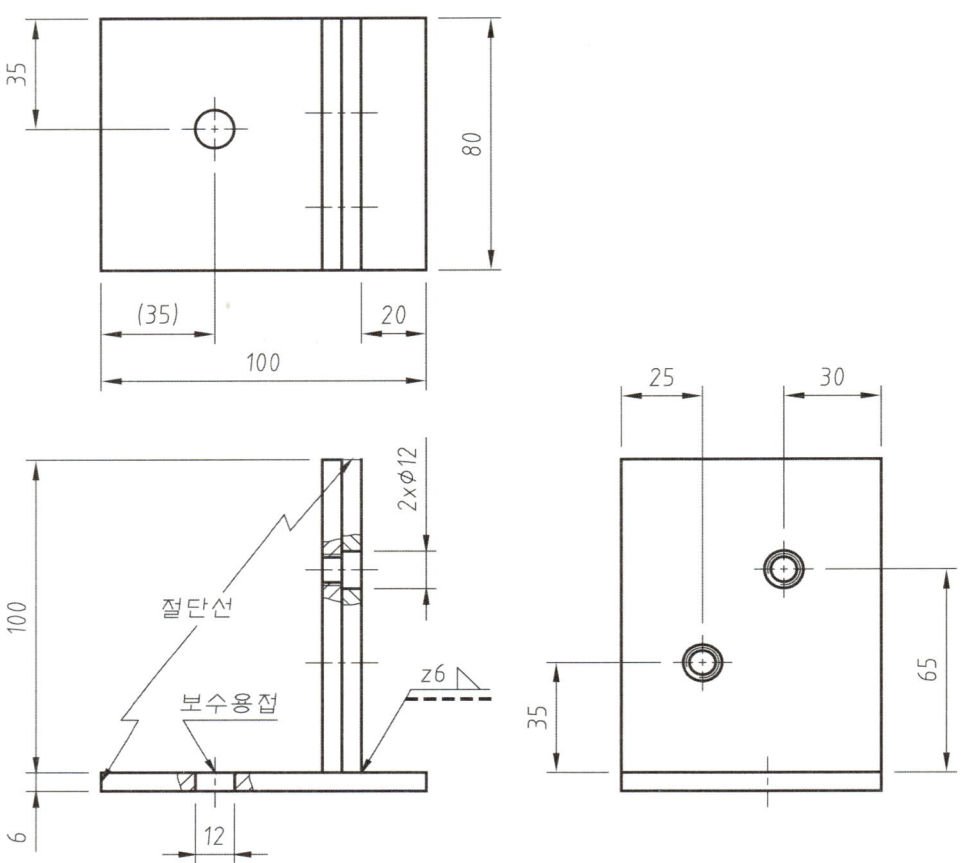

도면 ⑧

구분	재료명	규격	수량	비고
1	연강판	200×80, 6t	1개	
2	연강판	100×80, 6t	1개	
3	절단 가스	LPG 또는 아세틸렌	–	
4	드릴	$\phi 8.5$, $\phi 12$	각 1개	
5	핸드 탭	M10×1.5	1세트	
6	육각머리 볼트	M10×20	2개	
7	전기 용접봉	E4316, $\phi 3.2$	3개	
8	용접기	직류 또는 교류	–	개인 지참 불가

가. 절단 및 가공 도면

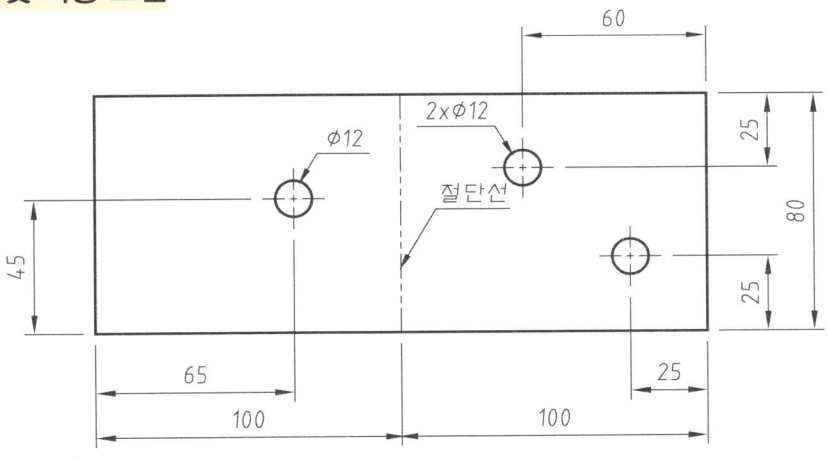

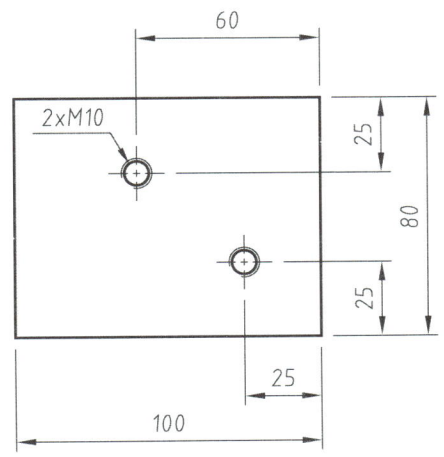

나. 용접 및 조립 도면

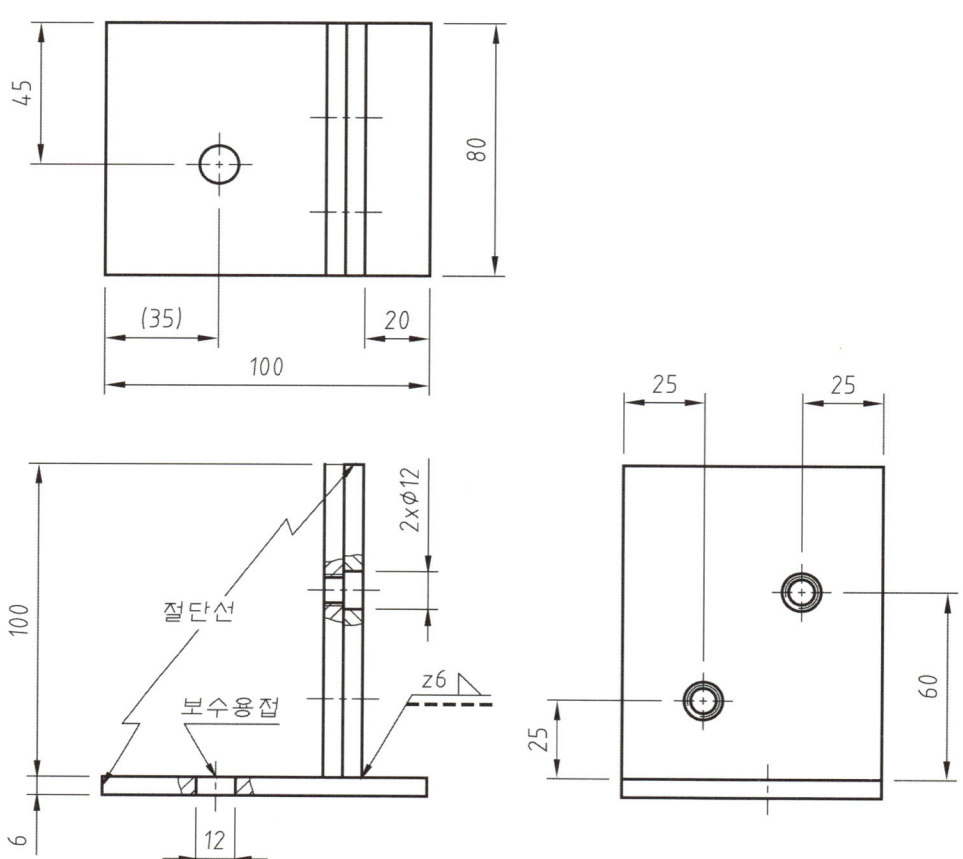

참고 문헌 및 자료

가. 이상호, 공유압, 한국산업인력공단, 2012.
나. 송요풍, 기계요소설계, 한국산업인력공단, 2010.
다. 박동순, 설비보전기능사, 도서출판 건기원, 2016.
라. 박동순, 기계정비실무, 도서출판 건기원, 2018.
마. 박동순, 설비보전실무, 도서출판 건기원, 2024.
바. 이성호, 최부희, 방연일, 기계설비관리, 서울교과서
사. 한국 노드락, 한성 볼트, 상용 이엔지
아. 메카피아, 두피디아
자. ㈜제이.원 테크, FYH 베어링, WORLD CNM
차. Direct industry
카. ED 카달로그

설비보전산업기사 실기

정가 ▎27,000원

지은이 ▎박 동 순
펴낸이 ▎차 승 녀
펴낸곳 ▎도서출판 건기원

2025년 4월 25일 제1판 제1쇄 인쇄
2025년 4월 30일 제1판 제1쇄 발행

주소 ▎경기도 파주시 연다산길 244(연다산동 186-16)
전화 ▎(02)2662-1874~5
팩스 ▎(02)2665-8281
등록 ▎제11-162호, 1998. 11. 24

- 건기원은 여러분을 책의 주인공으로 만들어 드리며 출판 윤리 강령을 준수합니다.
- 본 수험서를 복제·변형하여 판매·배포·전송하는 일체의 행위를 금하며, 이를 위반할 경우 저작권법 등에 따라 처벌받을 수 있습니다.

ISBN 979-11-5767-891-4 13550